成熟都市の交通空間
― その使い方と更新の新たな方向

浅野光行 著
（早稲田大学）

技報堂出版

書籍のコピー，スキャン，デジタル化等による複製は，
著作権法上での例外を除き禁じられています。

まえがき

　21世紀に入って早10年を超える年月が経過した．わが国の20世紀後半を振り返ってみると，一貫して人口の大都市への集中と高度経済成長が続いた時代であったと言えよう．1970年代は，国土レベルのインフラ整備が進められるとともに，都市交通や住宅等の都市問題が深刻になった10年であった．1980年代は規制緩和とバブル経済に沸き，環境問題が公害対策から地球環境問題へとシフトした時代でもある．1990年代に入ると，わが国経済はバブルの崩壊とともに低迷の長いトンネルに入る．この時期は，高齢社会への進展が見られ，そして地球環境問題への取組みでは国際的協力が本格化した．その一方で，都市づくりは持続可能な都市を目指した．新世紀に向けた準備の期間であったとも思われる．

　新しい世紀に入り最初の10年間，わが国の人口もそのピークを迎え，引き続き経済は低迷しつつも，社会と経済は落ち着きを取り戻し，成熟時代を迎えつつあるように見られていた．しかし，2011年3月11日の東日本大震災はそれまでの基調を根底から揺るがした．津波は多くの人命を奪い，地域を飲み込み，甚大な被害もたらしたばかりでなく，福島第1原子力発電所の爆発とそれによる放射能汚染は今後100年を超える負の遺産を残した．一方，京都議定書の第1約束期間の終了とともに地球温暖化対策は大きな節目を迎えている．わが国のエネルギー政策の基本的方向が見えない中で，世界経済の行方とともにこの課題にどう対処するかは，大きな課題であろう．加えて，日本を取り巻く社会経済環境は揺らいでいるようで，先行きを見通すのは難しいが，時間とともに成熟時代を迎える中で，成熟社会がより明確な姿を見せてくるものと思われる．

　都市づくりと交通空間の整備は，日本を取り巻く社会経済環境とその変化に対応すべく，新しい交通施設の整備から交通需要の管理まで，時代に応じた様々な方策を実行してきた．都市の経済活動を見ても，活発な時は交通需要が増大し，停滞している時は逆に交通需要も減少するといったように，社会経済活動と人々の交通行動との間には密接な関係がある．わが国でも高度経済成長と人口の継続的な都市集中の時期にあっては，道路や鉄道等の基本インフラの整備が中心で

あった．環境への意識が高まり，高齢社会が目前に迫るようになるに従い，都市交通の課題はいまだに自動車最優先の社会を抜けきれないものの，公共交通，自転車，徒歩へと中心が移っている．そのような意味でも，21世紀の都市づくりと交通計画が目指すべき基本的な方向として「持続可能性」(Sustainability)は，引き続ききわめて重要な課題として認識すべきである．

　本書は，これからの都市地域は，変化を見せながらも，その速度は緩やかなものとなり，確実に成熟社会へ向かって進むことを基本の認識としたうえで，成熟した都市地域の都市づくりと交通空間の整備のあり方を明らかにしようとするものである．社会全体が成熟時代を迎えて成熟社会を形成し，その社会が営む都市地域が成熟都市ということになる．本書では，そのような都市地域が対象になる．加えて，本書で用いる「成熟」が意味するところは，熟す，円熟する，という言葉のとおり，成長期を越え，安定し，ゆとりを持ち，豊かであるなどの，前向きな状態として捉えるものとする．

　これからの時代が直面する人口減少，超高齢社会，深刻化する地球環境問題，財政制約，高密度な市街地等の社会経済における先行きを断片的に拾っただけでも，今後の都市づくりと交通空間の整備にとって大きな制約となり，新しい空間を既存の市街地に生み出すことは容易ではない．大事になることは，これから更新の時代を迎える都市の道路や鉄道の再整備に合わせ，成熟都市に相応しい空間を都市づくりの中で創出することである．また，今ある道路空間を成熟社会であればこその可能な空間の使い方へと変えていく工夫も必要とされる．本書が，そのような試みに示唆を与えられれば幸いである．

　最後に，本書をまとめるにあたり，最初から最後まで励まし，適切な助言と多大な労を賜った技報堂出版の小巻慎氏にこの場を借りて深謝するものである．

2014年1月

目　　次

第1章　成熟時代を迎える都市地域　1

1-1　21世紀の都市地域を考える視点　1
- 1-1-1　豊かな自然に恵まれた日本の国土　1
- 1-1-2　人と自然が育む風土と文化　2
- 1-1-3　都市と自然の葛藤と共生　3
- 1-1-4　日本の社会システムと人々の行動規範　4
- 1-1-5　環境の世紀と個性ある都市地域の形成　6

1-2　成熟社会の到来と都市地域　7
- 1-2-1　「成熟」の意味するところ　7
- 1-2-2　成熟社会の諸相　8
  超高齢社会の到来　／　穏やかで安定した成長　／　多様化する人々の価値観とライフスタイル　／　都市の姿：規範的な都市像との整合とずれ　／　都市間の新たな競合：国内レベルから国際レベルへ
- 1-2-3　成熟都市への道　12
  フローからストックへ　／　効率性，利便性から優しさへ　／　ハードウェア，ソフトウェアからヒューマンウェアへ　／　環境への意識から行動へ

1-3　都市地域の成熟化と地球環境問題　14
- 1-3-1　21世紀，世界は都市の時代　15
- 1-3-2　開発途上国の経済成長とCO_2の排出　16
- 1-3-3　グローバル・ポリティックスとしての地球環境問題　17
- 1-3-4　世界の温暖化対策の現状とCO_2　18
- 1-3-5　日本のCO_2排出量と都市　19
- 1-3-6　CO_2削減を目指した都市づくり　20
- 1-3-7　低炭素型の都市に向けた成熟都市の役割　21
  エネルギー利用および供給構造　／　震災による被災都市の復興モデル　／　身近にわかるCO_2削減の効果

第2章　成熟社会における都市づくり　25

2-1　変わる都市交通計画　25

2-1-1　都市交通の計画と整備：過去から現在を駆け足で　25
　　　　戦後から1950年代 ／ 1960年代 ／ 1970年代 ／ 1980年代 ／ 1990年代 ／ そして2000年代

2-1-2　都市圏交通計画と計画課題の変化　27

2-1-3　計画主体と計画の管理　28

2-1-4　都市交通データの収集　29

2-2　都市の土地利用と交通　30

2-2-1　都市圏交通計画と土地利用　30

2-2-2　交通施設計画と土地利用　31

2-2-3　都市開発と交通計画　32

2-2-4　地区レベルの交通計画と土地利用　34

2-2-5　新たな時代の都市交通計画と土地利用　35

2-3　地区レベルの交通空間整備　36

2-3-1　日本の地区交通計画に大きい影響を与えた概念　36

2-3-2　日本での適用と実践　39

2-3-3　自動車のための空間整備　42

2-3-4　安全で魅力ある地区の道路空間に向けて　43

2-4　自動車依存の軽減　44

2-4-1　モータリゼーション成熟時代　44

2-4-2　自動車依存軽減と都市づくり　46

2-5　成熟時代の交通空間の計画と整備　48

2-5-1　計画と整備のいくつかの課題　48
　　　　高度IT情報時代の交通サービス ／ 交通サービスの競争と管理 ／ ストック型の輸送構造への再構築

2-5-2　計画と整備の方向　50
　　　　サービスレベル型交通ネットワークの形成 ／ 開かれた交通施設空間の創出

2-5-3　計画と整備のシステム　51

2-5-4　計画と整備の新たな形　52

第3章　都市内道路の整備・更新と都市空間の再編　55

3-1　成熟時代の都市内道路の整備と役割　55

3-1-1　需要追随時代の終焉　55
　　　3-1-2　ストックの維持をどうするか　56
　　　3-1-3　成熟都市の道路整備：3つの役割　57
　　　　　　　都市空間のフレームをつくる ／ 都市空間をグレードアップする ／ 都市空間をリフォームする
　　3-2　成熟都市における高速道路の整備と更新　59
　　　3-2-1　整備と更新のタイプ　59
　　　3-2-2　高架道路の撤去と地上空間の開放　61
　　　　3-2-2-1　清渓川復元事業と高架道路の撤去　61
　　　　　　　その歴史 ／ 清渓川復元事業 ／ いかに課題を克服したか ／ なぜ復元事業が可能になったか
　　　　3-2-2-2　環状高速道路網の完成により撤去されたハーバー・ドライブ　70
　　　　3-2-2-3　損傷から撤去に転じたウエスト・サイド・ハイウェイ　73
　　　　　　　建設から撤去へ ／ ウエストウェイ建設の断念 ／ ハドソン川沿いの公園の誕生
　　　3-2-3　高架道路の地下化と地上空間の活用　76
　　　　3-2-3-1　ビッグ・ディックと地上の公園　76
　　　　　　　歴史を振り返る ／ プロジェクトの概要 ／ 地上空間の利用とローズ F. ケネディ グリーンウェイ
　　　　3-2-3-2　ライン川河岸道路の地下化と地上空間の再生：デュッセルドルフ　81
　　　　3-2-3-3　アラスカン・ウェイ高架道路の地下化とウォーター・フロント地区の再整備　83
　　　3-2-4　都心部を貫通する地下道路の新設と都心空間の更新　86
　　　　3-2-4-1　都心の地下を通り抜け，川岸の空間を開放したゴータ・トンネル　86
　　　　3-2-4-2　都心地区を地下で通過する秋田中央トンネル　87

第4章　鉄道空間を活用した都市の再整備　91

　　4-1　鉄道を中心に発達した日本の都市　91
　　　4-1-1　鉄道の出現と都市　91
　　　4-1-2　鉄道と市街地の形成　93
　　　4-1-3　鉄道と都市開発の連携　95

目 次

- 4-2 鉄道駅と街の関係を再考する　96
  - 4-2-1 鉄道駅が持つポテンシャル　96
    - 鉄道駅が持つ2つの拠点性 ／ 駅のタイプと拠点性
  - 4-2-2 駅前広場整備の変遷と現状の課題　98
  - 4-2-3 駅と駅前広場　99
  - 4-2-4 駅舎と駅前広場の調和　100
  - 4-2-5 駅と街の新たな関係に向けて　101
    - 鉄道駅空間を質の高いものにする ／ 駅のポテンシャルを街に開放する ／ 鉄道利用者以外の人々を駅に引きつける ／ 駅と街の相乗作用をプラスにする

- 4-3 地方都市の鉄道と展望　102
  - 4-3-1 地方都市と軌道系交通システム　102
  - 4-3-2 地方都市の明日の姿　103
  - 4-3-3 軌道系交通システムを生かした都市づくり　104
    - 自動車との折合い ／ 駅と街とのつながり ／ 都心駅と郊外駅 ／ 沿線のつながりと街の軸 ／ 路面電車(LRT)への期待

- 4-4 鉄道立体化の要請と連続立体交差事業　106
  - 4-4-1 鉄道立体化の要請　106
  - 4-4-2 連続立体交差事業　107
  - 4-4-3 鉄道立体化の今日的な意義と役割　107
    - 鉄道という都市の基本インフラを生かした市街地空間の再構築 ／ 都市空間の更新，再構築のきっかけつけくり
  - 4-4-4 成熟社会における鉄道立体化の視点と課題　109
    - 大都市と地方都市 ／ 駅部と駅間部 ／ 高架化と地下化 ／ 立体化費用と街づくり費用 ／ 費用負担とインセンティブ

- 4-5 鉄道立体化と都市空間の再編　112
  - 4-5-1 鉄道高架化と高架下の利用　112
  - 4-5-2 鉄道の地下化と地上空間の活用　113
    - 相模鉄道本線大和駅の地下と駅周辺整備 ／ 小田急線成城学園前駅の地下化と駅周辺地区計画 ／ 東急目黒線の地下化と緑道公園の整備 ／ 東急東横線の地下化と東横フラワー緑道の整備

- 4-6 廃線になった鉄道空間の活用　119
  - 4-6-1 廃線後の様々な利用形態　119
  - 4-6-2 芸術の高架橋と緑の遊歩道：パリ　120
    - 芸術の高架橋 ／ 緑の遊歩道

4-6-3　ハイライン公園とレールバンク制度：ニューヨーク　*122*
　　　　ハイライン公園の概要　／　誕生までの経緯　／　ハイライン公園の実現を可能にしたレールバンク制度　／　ハイラインの公園化の効果

4-6-4　山下臨港線プロムナード　*125*
　　　　横浜みなとみらい地区における廃線跡の活用　／　汽車道　／　山下臨港線プロムナード

第5章　シェアする時代の交通空間　*131*

5-1　都市づくりとシェアする視点　*131*

5-1-1　「シェア」するとは　*131*

5-1-2　環境，開発とシェア　*133*

5-1-3　土地利用計画と空間のスプリット　*134*

5-1-4　土地所有のスプリット化と共同利用　*135*

5-1-5　「公と私」，「官と民」の空間シェア　*136*

5-1-6　交通計画とシェアする視点　*137*

5-1-7　地域のシェアと連携　*138*

5-1-8　都市づくりにおける時間と価値の共有　*139*

5-2　街路空間の新たなデザイン「シェアド・スペース」　*140*

5-2-1　シェアド・スペースとは　*140*

5-2-2　シェアド・スペース：その基本となる考え方　*141*

5-2-3　シェアド・スペース5つの戦略　*142*
　　　　街路空間のデザインで利用者に情報を提供　／　ルールの解消とコミュニケーションの重視　／　皆で行うデザインと皆で担う責任　／　細かいデザイン要素への目配り　／　不安感を与えてこその交通安全

5-2-4　シェアド・スペースプロジェクトの誕生　*144*

5-2-5　シェアド・スペースの広がりと展開　*146*

5-3　交通手段をシェアする　*147*

5-3-1　「持つ」時代から「シェアする」時代へ　*147*

5-3-2　カーシェアリングの仕組みと普及の足跡　*148*

5-3-3　その特徴：環境に優れた車の使い方　*150*

5-3-4　シェアする交通手段：新たな展開　*153*

あとがきにかえて　*157*

項目索引　*159*

第1章　成熟時代を迎える都市地域

1-1　21世紀の都市地域を考える視点

1-1-1　豊かな自然に恵まれた日本の国土

　四方を海に囲まれた8,000余の島からなる日本は，面積こそ37万8,000 km² にすぎないが，世界にも類い稀な豊かな自然に恵まれた国である．その海岸線は3万3,900 km に及び，変化に富んだ海岸を形成している．国土の60％は山地で，活発な侵食作用がもたらす地形は，彫りの深い美しい山並みと河川，そして繊細な風景を提供している．一方で，人々が生活し活動の中心となる都市地域は，国土の約30％で，その中でも20世紀最後の4半世紀の間に宅地面積は40％増加し，その多くは農用地の転換と平地林の開発で拡大をしてきた[1]．

　日本列島は南北に細長いため緯度的な変化を持ち，面積は小さいものの亜熱帯から亜寒帯まで，地域によって気候は大きく異なる．西はアジア大陸から日本海や東シナ海によって隔てられ，東は太平洋に面していること，起伏に富んだ山脈が国土を縦断して脊梁を形成していること，日本付近には黒潮とこれから分岐した対馬海流の暖流，そして親潮とマリン海流の寒流が流れていること等が多彩な気候を演出している．

　冬は北海道，東北から北陸にかけて積雪が多い．そして，「雪はき」，「雪ほり」，「雪かき」と言われるように，地域によって積雪量ばかりでなく雪質も異なる．春は

日本列島を南から北へと桜前線が北上し，種々の草花とともに国全体が目にも鮮やかな新緑に覆われる．6月には梅雨の季節を迎えるが，欧米諸国と比較しても稀に見る多雨を経験する．夏は高温多湿の日が続き，初秋には台風の時季を迎える．そして，秋には木々の葉は美しく紅葉し，再び冬の準備に入ることになる．

　日本は年間を通して四季折々の豊かな自然の姿を経験することができる世界でも数少ない自然に恵まれた国の一つである．日本人は長い間，この優れた自然環境を当たり前のように享受してきた．温暖化や砂漠化といった地球規模での環境問題に対応して世界的に関心が高まる中，なぜか私たち日本人の環境への意識は，先進諸国の中，とりわけ欧州各国に比較して低いと言わざるを得ない．それは，日本があまりにも自然に恵まれ，大陸とは切り離された島国であることも影響しているかもしれない．

　20世紀後半，わが国でも多くの自然環境が失われてきたが，それでも豊かな自然を国民全体で見直し，21世紀の地域づくりに生かすことが課題として突きつけられている．

1-1-2　人と自然が育む風土と文化

　世界の目からは，日本は単一民族であり，一つの風土，一つの文化ということで理解されがちである．しかしながら，私たちは国内で初めての人と会った時，「ご出身はどちら？」と挨拶を交わす．それは，単に初対面の挨拶を越えて，その人となりを理解する最初の手がかりを探る意図を多分に含んでいる．日本の変化に富む地形，気候的な自然，そして歴史的な流れの中で，地域によって，また都市によって様々な風土が形成され，特色ある文化が育まれてきた．

　風土とは何であるか，それは簡単には，「気象，土壌，生態系等の自然的要素と，人によって構成される社会的要素が相互に作用し合い形成される個性豊かな地域性または空間」と言えよう．言い替えれば，「風土は気候と土地とを意味するが，それは単純な自然ではなく，人間の存在を前提とし，その活動の基礎となる自然環境を指している．したがって，それは国によって，地域によってそれぞれの特色を持つ」[2]ということになる．

　先にも述べたように，日本はきわめて豊か，かつ変化の富む自然に恵まれている．日本国内であっても，地域によって異なる自然は，そこに住む人々の心情や

生活習慣に大きな影響を与え,地域の固有な風土を醸成し,地域の文化を育ててきた.歴史的に見れば,「盆地」という地域のまとまりが日本の地域の固有の風土と文化,また地域性をつくり出してきたとも言われている[3].そこには様々な住まい方,生活習慣,祭事,自然との共生の知恵がある.

明治維新後の近代化の中で,地域ごとの固有の風土,文化は徐々に後退していったように見受けられる.とりわけ20世紀後半は,交通機関の進歩,大都市への人と経済の集中,マスメディアによる情報等とともに画一的で没個性的な都市的風土が全国を覆い,地域性が薄れつつあることは事実である.しかしながら,今でもそれぞれの地域,都市では歴史的に培われてきた固有の風土と,そこから生まれた文化が多く根づいていることも確かである.

21世紀に入ってから,日本の社会経済環境が大きく変わる中,そのような兆候は,それぞれの地域の持つ風土と文化を,拙速な街づくりや村おこしとしてではなく,自らの生活の基盤として見直す絶好の機会である.

1-1-3 都市と自然の葛藤と共生

ガソリンより高価なペットボトルの水,スポーツ用の空気入り缶等が普及する現在,私たちの生活には当たり前の存在であり,その恩恵も意識しなかった太陽,水,そして空気についても考えざるを得ない時代を迎えている.ことによれば将来,地球温暖化とオゾンホールの拡大による紫外線の強さも相まって,外出時に完全防備の服装が必要になる時代がくることも無碍には否定できない.

人間と自然の関わりを辿れば,水,燃料,食べ物,すべてが自然のそのままの恩恵に浴した生活に始まった.人々が共同で生活するようになり,食物の栽培と耕作,また牧畜を行うことから自然と人間の係わりと,バランスは次第に変化してきた.

そもそも,人々がともに生活するにあたっての最初の基本的要件は,「生存」と「安全」,すなわち生命の保証であった.それは風水害から守ることであり,他の集団や動物等の外敵からの防衛に始まる.集団の規模が大きくなるに従い,第2の段階として,人々の共同生活をより「効率的」に営むための努力が払われた.これはひとり一人が行うよりも,共同で行った方が便利でより良い生活を享受できる基盤を整えることを意味する.経済成長と技術の発展に伴う第3の段階では,

ともに生活し活動するにあたっての「利便性」と「快適性」が主要な目標となり，都市地域の空間はそのための基盤が張り巡らされた．その結果として，都市地域を中心に文明は拡大したが，引き換えに多くの自然を失い，自然と人間との間にある相互的バランスが大きな崩れを見せたと言えよう[4]．

都市地域における供給・処理や交通・通信等の社会共通資本としての基盤施設は，都市規模の拡大と技術の進歩によりますます巨大なネットワークを形成させている．今や，それらのシステムダウンは都市全体の機能を麻痺させる危険を常に持つことから，フェールセーフの重層化をはじめとして，基盤ネットワークとその施設空間がさらに巨大なシステムとして機能することが要求されている．1995年の阪神淡路大震災，2011年の東日本大震災，そして近年日常的に起こる大豪雨をはじめとする異常気象は，都市社会における第2段階の目標である「効率性」から第3段階の「利便性」，「快適性」へと都市の生活や活動が突き進む中で，最も基本となる「生存」と「安全」という目標が崩れ去ったことを意味する．

21世紀を迎えて十数年，都市において共に生活するにあたって，生活の「ゆとり」と「豊かさ」を実現し，個人がより良い生活と人生を送るため第4といえる段階へと眼が向けられつつある．しかしながら，都市地域と自然との関わりという点では，都市生活ではもはや人工の手を加えない自然そのものに触れることはきわめて少ない．言い換えれば，何も手の入らない自然を生み出すことは不可能であり，新たな都市的自然の追求が必要ということになる．都市地域に残された貴重な自然的な環境と，これまで整備されてきた人工的な都市基盤の環境に基づいていかに相互が調和し，共生できる新しい環境をつくり出していくかが21世紀の鍵となる．

1-1-4　日本の社会システムと人々の行動規範

明治維新(1868)に始まる日本の近代化の道においては，20世紀の前半までの政策は富国強兵，殖産興業に重点が置かれ，何よりも海外の列強と比較して恥ずかしくない国力と見栄えに力が注がれた．20世紀後半の半世紀は，第2次世界大戦後の焼け野原からスタートし，先進諸国に追いつき追越すために産業基盤の整備が最優先され，国の政策は経済成長をすべてに優先させたといっても過言ではない．

その結果，日本は世界で最も経済的に成功を収めた国になった．1970年代には1人当り実質国民所得(GDP)では欧米先進諸国と肩を並べ，1980年代は世界の中で経済大国日本と言われるまでに成長した．しかし日本は，バブル崩壊後，1990年代からの構造的不況の時代を完全には抜け出せないまま，2008年の米国発のリーマンショックにより再び冷え込んだ経済から抜け出すべくもがいている．それでも，世界的に最先端の技術を保有し，豊かさは感じられないととはいえ，欧米先進国と肩を並べる生活水準を維持していることも事実である．
　第2次世界大戦後の驚異的な経済成長を支えてきた要因として，日本型の長期的な視野に立った企業経営方式，終身雇用と年功序列といった日本型の雇用システム，官僚主導による日本の経済運営システム，日本人の勤勉さ，協調性，巧みな変化への対応性等を挙げることができる[5]．しかしながら，21世紀に入り，経済が低迷する中，わが国のこれまでの社会，経済のモデルは確実に崩れていく兆候を見せており，新たなモデルが模索されている．
　都市地域と都市社会に目を転じてみよう．20世紀後半，勤勉な日本人は，欧米先進国に追いつき追いこすために寝食を忘れて働き続けた．多くの人は終身雇用と引き替えに企業に忠誠を誓い，人生の大半を企業に捧げてきた．そのため，地域の一員であることを意識したり，自分の住む地域へ目を向けたりする余裕はなく，また関心も希薄であったことは否めない．そのことは，自分の生活と直接に係わりのある私的な空間に対しては繊細なまでに心配りをする反面，公共的な空間に対してはきわめて無神経な傾向にあることとも無縁ではない．
　もとを辿れば，これまで都市づくりは国や県や市によって進められるもので，市民が都市をつくるという意識がなかったことにも原因がある．そのため，市民生活にとって必要な公共空間や各種基盤は，人々にとってその存在についての関心が薄れてしまったことも確かである．結果として，都市の共同生活および公共空間に対する全体的な価値観は喪失し，個人的価値に強く支配されることになったと言えよう．
　1990年代から21世紀も10年以上過ぎ，日本が経験したバブル経済の崩壊とその後の長期にわたる低迷は，これまで成功の秘訣として国際的にも評価された経済，経営，雇用，行政，教育等の日本型システムが国際社会の中ですべてが通用しなくなりつつあり，今まさに社会システムの再構築に向けて模索が続けている，ことを示している．一方，人々の生活と活動は，この間の苦い経験を糧に，

これまでとは異なるゆとりと豊かさと，そして多様性を求めて着実に新たな方向へと向かうことが望まれる．

1-1-5 環境の世紀と個性ある都市社会の形成

社会経済から文化に至るまで，すべてがグローバリゼーションへと進展する中で，日本人の思考や行動は大衆化の方向に向かい，都市社会は画一的となり，都市地域はそれぞれが持つ固有の風土や個性を失いつつあった．先にも述べたように，1990年代から20余年にわたり日本を襲ったバブル経済の崩壊とその後の社会経済システムの変化は，人々の生活行動や環境への意識を大きく変えてきている．

この先，21世紀がどのように進かは必ずしも定かではないが，少なくとも20世紀が成長と発展の世紀であったとすれば，21世紀は環境と持続可能性を追求する時代へ向かっているように見受けられる．都市社会においては，高齢社会の到来，低い経済成長，自然・環境との共生への志向とともに人々の生活と活動が保守化へと向かうことが想定される．その一方で，人々の生活はゆとりと豊かさを求めて多様性と選択性を増していくことが期待される．その結果，これまで以上に多様な価値観を持った人々がそれぞれに個性を持った行動様式をもって活動し，結果として都市地域に大きな変化を促す原動力となる．

そのような意味で，近年，人々が都市地域において生活をとりまく環境を見直し，地域の一員となり，地域固有の自然や文化や交流を楽しむ生活するといった機運が熟しつつある．逆に，都市社会を構成する人々がそれぞれが生活する地域に眼を向けない限り，個性のある豊かな地域は形成されない．人々が地域の一員として公共性を持つことが不可欠である．

環境と持続可能性の追求という21世紀の世界の潮流の中，日本の都市社会はどのように個性的で豊かな環境を形成していくのであろうか．自然と風土，そして個性ある文化という側面から，いくつかのポイントを挙げてみたい．

・地域空間の個性，風土，伝統的文化を再認識し生かすこと，
・人々が地域固有の価値ばかりでなく，地域の多様性を容認すること，
・歴史的，自然的遺産を再発見し大事にしていくこと，
・個性的町並みの保全や文化的環境の醸成を行うこと，

・生活文化の向上，文化インフラの創造を強く認識し，根づかせること，
・広い視野を持ちつつ地域の個性を生かして他地域と競合したり，連携を行っていくこと．

都市社会は間違いなく人々が人間形成された風土，環境，空間に強い影響を受ける．そして，「ふるさと」を例にとるまでもなく，身近かな都市空間は人々の人格形成や感性に大きな影響を与える．日本の都市は城壁で囲った西欧の人工的都市とは異なり，そもそもきわめて自然的で，農村との境界も曖昧であった．それ故に，多くの自然や伝統的文化が失われたとはいえ，先に述べた6つの要件を実行に移す土壌は十分に醸成されているといえよう．そのためには，多様で個性ある豊かな風土が形成される都市社会の形成を支援し，現実のものへと向かわせることが21世紀のこれからの都市計画の大きな役割でもある．

1-2 成熟社会の到来と都市地域

1-2-1 「成熟」の意味するところ

本書では，成熟時代，成熟社会，そして成熟都市が重要なキーワードとして用いているが，これらの「成熟」をどのように捉えているかを少し説明をしておきたい．

往々にして成熟社会や成熟都市が語られる場合，人口の減少，高齢化，経済の停滞，財政の逼迫，環境の悪化等と，必ずしも明るいものではない．むしろ，成長の時代から安定の時代，ともすれば停滞から衰退の時代と受け止められる．

21世紀，日本の都市地域は，成長期から成熟期へと確実に移行しているように見える．この成熟期は，安定期とも捉えることが可能であるが，状況によっては衰退期へと移行していると捉えることもできる．また，成熟期を迎えたことは，量の拡大を追う時代から，質の向上を目指す時代になったと理解するのが適切であろう．その社会は，発展途上の社会ではなく既にでき上がった社会であり，開発途上ではなく既に開発された都市ということになろう．

古く遡れば，ルイス・マンフォードの「都市と文明」に示される都市の発展過程

は,「原ポリス」→「ポリス」→「メトロポリス」→「メガロポリス」→「ティラポリス(専制都市)」→「ネクロポリス(死者の都市)」という過程を辿り,死滅した廃墟の上に再び「ポリス」は復活するという都市のサイクルを考察している[10]．一方，クラッセンは，都市の成長から衰退に至るプロセスを大きくは「都市化」→「郊外化」→「逆都市化」→「再都市化」の4つの段階に分け，都市のライフサイクルのステージを設定している[11]．

「成熟都市」は，これらのサイクル論の中でどの段階に位置づけるのが適当であろうか．そもそも「成熟」の言葉の持つ響きは決して暗いものではない．都市のライフサイクルのどこかに当てはめるより，サイクルに加える新しい一つの段階として捉えるのが妥当であろう．

本書では，この成熟社会は，社会経済の状況が成長から安定に移行するのに期を一にして，市民とコミュニティの役割が高まる社会と考え，人々はそれぞれが多様な価値観のもとに生活し,行動するが,それらが社会の活力に結びつくイメージである．それは間違いなく，1-1-5 で述べた「環境の世紀と個性ある都市社会の形成」を実現することであり，その舞台となり，目指すべき都市地域が「成熟都市」であると考えたい．同時に，本書では，様々な制約から停滞や衰退に陥りやすい都市地域に，市民レベルからの感性と知恵で，いかに活力のある都市地域にするか，その成果としてのプラスのイメージを「成熟」という言葉に託そうとするものである．

1-2-2　成熟社会の諸相

成熟都市の都市づくりと交通空間を考える前提として，21世紀の都市地域で考慮すべき局面をいくつか明らかにしておきたい．

a. 超高齢社会の到来　総務省統計局のデータによると，日本の総人口は 2008 年に 1 億 2,800 万人でピークを迎え，既に人口減少に転じている．2030 年以降になると，毎年 100 万人のペースで人口が減少していき，2060 年の総人口は，ピーク時から 4,000 万人も少ない 8,670 万人になると推定されている．

このように総人口が減少する中，65 才以上の高齢者人口は増加し続け，2015 年には 3,400 万人（総人口の 26.6%），4 人に 1 人が 65 才以上の高齢者となる．この増加傾向はその後も続き，2040 年に高齢者人口がピークを迎える時，65 才以

1-2 成熟社会の到来と都市地域

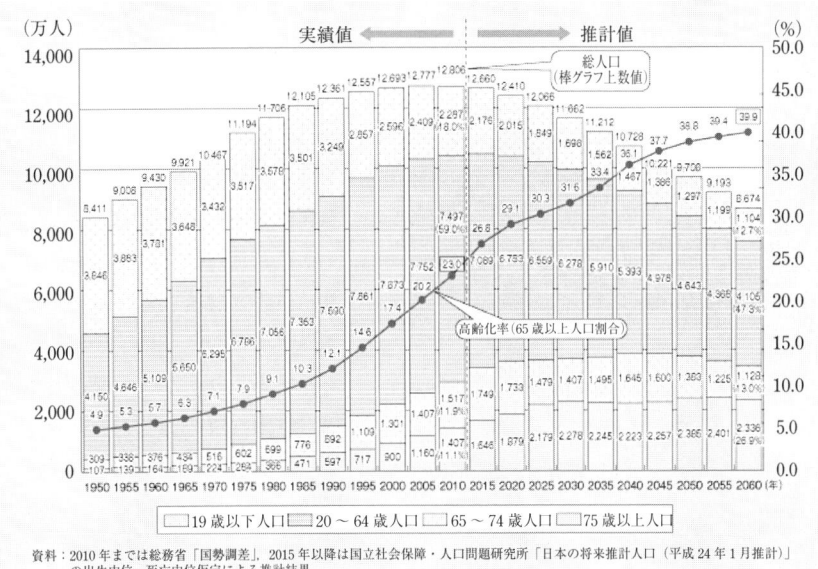

図-1.1 高齢化の推移と将来推計 [12]

上の高齢者人口は3,870万人となり,総人口の実に1/3を超える36%を占めるまでになる.その後は総人口,高齢者人口ともに減少するが,2060年には総人口の40%(約3,500万人)が65才以上の高齢者になり,27%(約2,300万人)は75才以上の高齢者になる時代が来る(**図-1.1**).

一方,戦後急激な速度で都市化が進行した日本では,都市の人口(DID人口)は,1965年に全国人口の約半数(48%)4,700万人であったが,1985年には可住地面積8万km^{2}の狭い国土に7,300万人の都市人口を持つに至った.2010年には,全国の3.4%に過ぎない都市地域(DID地区)に総人口の67% 8,600万人が住む高密度な都市地域を形成している[13].

日本の総人口がピーク期を迎えてから,しばらくのタイムラグをもって都市人口もピークを迎え,私たちがこれまで経験をしたことがない都市人口の減少を迎える時代となる.その時,日本は世界でも最も高齢化した国となり,平均的には3人に1人の高齢者が住む都市地域が形成される.都市・地域によって高齢化の状況には差があるが,比較的老年人口比率の低い大都市圏においても,今後,急

速に高齢化が進み，大量の高齢者人口を抱えることが予想されている．

b. 穏やかで安定した成長　第2次世界大戦後，目覚ましい経済成長を遂げてきた日本経済は，1990年代に入りバブル経済の崩壊を経験し，失われた20年と言われる経済の低迷期を過ごしてきた．途中，緩やかながら経済の立て直しの方向が見える中，米国のサブプライムローン問題から2008年のリーマンショック等による世界同時不況に巻き込まれ，そこから抜け出せない状況が続いている．日本経済にこれまでのような成長を望むべくもなく，国際経済の枠組みの中にあっていかに安定的かつ持続的な経済運営をどう行うかがますます必要とされよう．

同時に，20世紀末に残した膨大な財政赤字はその後も増え続け，2013年6月には1,000兆円，対GDP比で200％を超えるまでに膨れ上がっている[14]．地方の公債残高もその中に200兆円含まれており，これらの負担は，公共，民間ともども，これから都市整備を進めるうえでの大きな制約条件となる．言い方を換えれば，これまでのような都市整備の進め方はできないことを意味する．

20世紀最後の10年から既に，これからは地方分権ではなく地方主権の時代である，と言われてきた．都市づくりの主体である市町村の自立と責任は，すぐさま財政の問題に直面する．それは，国，県，市町村の行政レベル，国土，地域，都市，地区という広がりや施設のレベルでの社会資本投資の再配分ルールを考えることなしには，21世紀の新しい都市づくりの展望は難しくなろう．

c. 多様化する人々の価値観とライフスタイル　20世紀後半の半世紀と21世紀に入ってからの10年，紆余曲折の道を歩みつつも高度経済成長を遂げてきた日本は，一時の勢いはないものの，1人当り国民所得(GDP)では，世界の最高水準に達している．しかしながら，多くの国民にとって相変わらず生活の豊かさを感じられない状況にあるのも事実である．地価が高いこと，住居が狭いこと，通勤に時間がかかること，物価が高いこと，給与支給額の停滞等が大きな要因であろう．

とはいえ，所得水準の相対的な向上と自由時間の増大は，都市における人々の生活と各種活動に対する価値観と行動様式を大きく変えつつある．また，大都市を中心として国際化，情報化の進展に伴い都市活動の24時間化といった新たな状況を生み出しつつある．

これらの都市をとりまく環境の変化は，これまで以上に都市は，多様な価値観

を持った人々がそれぞれ個性ある行動様式をもって生活し，活動する場となっていく，と考えるのが自然である．同時に，21世紀の都市地域は，変化を指向しつつもその速度は緩やかなものとなり，確実に成熟社会へ向かって進むものと思われる．一方では，都市地域における安定化と成熟化は，人々を保守的な方向に向かわせ，社会経済の変化に対する対応能力を低下させていくことも十分考えておくべきである．

　加えて，多様な価値観を持つ人々によって構成される成熟都市では，自然と環境との共生への志向をますます強めていくことになる．21世紀の環境問題への対応は，二酸化炭素の排出と地球温暖化をはじめとして，単に1都市，1国の問題ではなく，地球規模での対応を必要とする．都市地域では，基本的にはエネルギー，廃棄物とともに都市社会システムそのものの問題としての対応が必要とされる．

d. 都市の姿：規範的な都市像との整合とずれ　　都市づくりに携わる人々は，今，若干自信を失っているように見受けられる．それは，成熟社会へ向けての社会の共通目標が定めにくいこと，ひいては次の時代に向けた都市像を描ききれないことによるものと思われる．従来，日本の都市形成は，ヨーロッパ型の都市を一つの理想像として意識してきたと考えられる．それは，歴史的に形成されてきた下町を中心に商業と業務で構成される都心地区があり，その周辺から郊外に向けて密度を下げつつ良好な住宅地が形成される．住宅地の中には生活のための拠点施設群が分散して配置され，工業地は中心地区と住宅地から隔離された広域交通の要所に配置される．このような構成が比較的コンパクトな市街地が，農地と緑豊かな田園で囲まれているというイメージである．

　これまでの日本における都市づくりは，経済の成長，産業構造の変化，交通需要の増加等に対応しつつ，そのような規範的な都市像を念頭に置き，土地利用と一体となった都市の骨格形成を図ってきた．しかしながら，都心地区の衰退や郊外の低密度で秩序のない市街地等，都市地域の変化と速度に追いついていないことも事実であり，規範的な都市像とのずれは大きく広がっている．

　これまでに見てきた成熟都市の諸相を振り返るまでもなく，従来の規範的な都市像をもとにした都市圏レベル，広域レベルの計画は，今後十分機能することが難しくなろう．そのため，今後の社会経済の大きな流れと変化を的確に受けとめつつ，対象や目的に応じた多重の圏域を形成することや，さらなる行政単位の合併や分離が進むことも考えられる．

e. 都市間の新たな競合：国内レベルから国際レベルへ　多くの障害を乗り越え，ヨーロッパ諸国は1993年，EUの統合を実現した．EUの統合を待たずともボーダーレスの時代は既に始まっていたが，ヨーロッパの諸都市はEUの統合を目の前にして，さらなる都市間の競合に打ち勝つため，都市整備にあらゆる努力を傾けた．各都市は単に自国ばかりでなく，国の垣根が取り払われたEU内の都市間の競争に打ち勝ち，サバイバルしなくてはならない．そのために，都市の魅力を高めるための都市整備を行い，いかに多くの人と企業を引きつけ，投資を呼び込めるかがポイントになった．

都市づくりにおいて進められなければならない競合に3つの側面がある．一つは市場のメカニズムに委ねる範囲の拡大，一つは都市が相互に競合できること，一つはより広い意味での国際的視点に立った競合，である．

現時点ではどのような方向に進むかは定かではないが，日本の地方分権の進展は，次の時代には必然的に都市間の競合を促し，意欲的とそうではない都市地域とを峻別し，格差をもたらすことになる．逆に，都市が自ら責任を持ってそのような競争を可能とするような地方分権の姿があって初めて成熟都市が現実のものとなる．

成熟社会にあっては，人も企業も，これまでとは異なる価値観のもとに魅力のある都市地域を選択する．ことによれば，日本の社会・経済システムに満足できない人々は，国内だけではなく，海外の都市に住むために日本を離れ，世界の中での自分の活動と居住の場所を見つける時代もそう遠くはない．そのような意味では，国内のみならず，国際的にも都市間の競争ができる都市づくりがまさに必要とされている．国が成人した子供にあれこれと世話を焼く親のようでは，都市は自立もできず，新たな競合の舞台にも立てないことになる．

1-2-3　成熟都市への道

a. フローからストックへ　現在，先進国の中にあって，高密な市街地で新たな道路等の都市施設の整備を鋭意進めている国は日本をおいて他にないと言えよう．戦後の経済成長とともに都市基盤整備への努力は積み重ねられ，着実に進められてきているが，いまだその整備水準は先進諸国のそれと比較して高くはない．その間，都市の成長に伴う活動量の増加とストックとしての都市施設の整備水準

とのギャップは，フローの効率化で埋められてきた．

例えば，企業は生産の拡大と効率化を計るため，輸送にその負担を負わせることで物資等のストックスペースを限りなく圧縮してきた．そのため，それでなくとも十分ではない道路等のストックに負荷をかけ，内部経済を外部不経済に転嫁することによって成長を図ってきたといっても過言ではない．結果として，宅配便の配送システム，交通信号や管制システム等，世界でも高い水準のフローのチャンネルと機能がつくり上げられていることも事実である．

しかしながら，都市づくりにおいて成熟社会を実現するにあたっては，都市の社会共通資本としての空間を確保することがまず基本となる．そのためには，単に箱物を中心とした都市づくりにとどまるのではなく，これまでに整備された空間の使い方と更新の工夫が重要な課題になる．

b. 効率性，利便性から優しさへ　現在，私たちが都市の生活を営むうえで，蛇口を捻れば水を，スイッチを入れれば電気を，栓を捻ればガスを使うことができるのは当然のことと考えられている．都市という限られた地域に人々が集まり，共同生活を営むにあたって必要となる共通の基盤施設は，その時代の社会的，経済的，そして技術的な背景とともに変化してきた．

先にも述べたが，その第1段階は，自然や外敵から生命を守り，飲料水等，生存を確保するために不可欠な基盤である．第2段階になると，多くの人が共同で住むにあたっての効率性を図るための供給処理，交通等の基盤施設が必要となる．第3段階は，それらに加えて都市における生活や活動に快適性，利便性を与える基盤施設が社会共通資本として認識されるようになる．

成熟都市にあっては，この第3段階の快適性，利便性とともに，さらに一歩進んだ第4段階の目標を求めているといえよう．その一つに優しさを挙げることができるが，いずれにしても，新たなインフラよりも，むしろ，今あるインフラをどのように新しい使い方にしていくかが課題である．

c. ハードウェア，ソフトウェアからヒューマンウェアへ　成熟都市の基本は，都市において人々がそれぞれの価値観を生かしつつ，多様な生活を豊かに営めることにある．したがって，都市づくりの計画から事業，さらには管理運営に至る一連のプロセスにおいて，多様な人々の参加が不可欠になる．

都市空間の物理的な創出であるハードウェア，それらを実現し，管理・運営するための制度，組織，手法等のソフトウェアは重要であるが，さらにそれらを機

能的に動かすヒューマンウェアが成熟都市の街づくりには求められていると言えよう．

　成熟都市は既製品的な押しつけではなく，手づくりの仕事で実現されるものである．同時に，様々な人の参加が不可欠である．そのような人々の参加によって初めて相互の立場や能力を理解し，都市づくりにおける改善・整備の意味を知ることが可能となる．実施にあたっては，様々な側面で技術的なサポートが準備されなければならないが，より重要なことは，それらを支え，機能的に動かすためのヒューマンウェアをいかに育むかにかかっている．

d. 環境への意識から行動へ　成熟都市では，都市地域全体として，自然と環境との共生への志向をますます強めていくことになるであろう．先にも述べたとおり，21世紀の環境問題への対応は，2酸化炭素の排出と地球温暖化に代表されるように，単に1都市，1国の問題ではなく，地球規模での対応を必要とする．都市地域においても，従来の環境負荷の加害者と被害者という関係から，基本的にはエネルギー，廃棄物とともに都市社会システムそのものの問題としての対応が迫られる．

1-3　都市地域の成熟化と地球環境問題

　2012年，京都議定書の第1約束期間の終了とともに，地球温暖化対策は次の段階へと進む中，2013年9月，国連の気候変動に関する政府間パネル(IPCC)が，地球温暖化の兆候がさらに進んでいることを報告している．また，2013年11月にポーランドのワルシャワで開催されたCOP19では，2020年からの枠組みと削減目標についての合意すらできていない．一方，東日本大震災による福島第1原子力発電所の爆発はわが国のエネルギー政策の変換を迫っているが，経済，政治，社会のあらゆる側面からその方向を定めるのは容易ではない．

　低密度に広がった日本の都市地域では，人口減少と超高齢社会の時代を迎えるとともに，化石燃料依存軽減とエネルギー消費の節約がますます必要とされる．そのような都市をとりまく環境が変化する中で，こらからの都市におけるCO_2削減の意義と役割について考察してみる．

1-3-1　21世紀,世界は都市の時代

2011年10月末,世界の人口は70億人を突破した.ここ10年で見ても,年間約1億人のペースで増加しており,国連の推計によれば[15],2050年までにこれから約23億人の人口が増加して93億人になる.この人口増加の様子をもう少し細かく見てみると,2010年時点では世界人口のうち都市人口は,全体の約半分36億人であるが,2050年までに約27億人増加し,世界人口の約67%63億人が都市に住むことになる(図-1.2).この世界人口を先進国と開発途上国に分けてみると,2010年時点ですら先進国の人口は12億人と全体の18%に過ぎず,2050年には若干の増加は予想されるものの,構成比は世界の14%に低下する.

一方,世界人口の2/3までに増加する都市人口を先進国と開発途上国に分けてみると,2010年時点で既に73%が開発途上国の都市人口であり,2050年には世界の都市人口の82%51億人が開発途上国の都市人口になる.すなわち,世界人口の55%が開発途上国の都市に住み,先進国の都市人口は12%にとどまる(図-1.3).このように見ていくと,少なくとも21世紀前半の半世紀は,世界は都市の時代であり,それも開発途上国の都市の時代と言えよう.

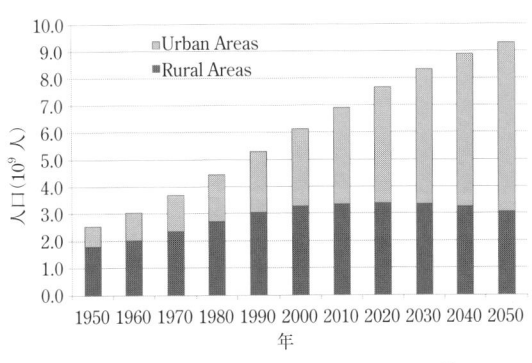

図-1.2　世界の都市／農村別人口の将来予測 [15]

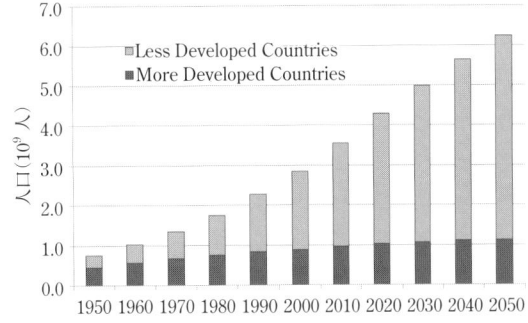

図-1.3　世界の先進国／途上国別都市人口の将来予測 [15]

1-3-2 開発途上国の経済成長と CO_2 の排出

　国の経済レベルとエネルギー消費量は比例する．このことは，経済成長を達成するためには，エネルギー消費の増加が不可欠であることを意味する．**図-1.4**に示すとおり，国によって差はあるものの，国民1人当りGDPが高くなるにつれて消費エネルギーは増加する[16]．この図において，米国，カナダ，オーストラリア，ロシア等は明らかにエネルギー多消費の国であり，反対に日本，英国，イタリア，シンガポール等は効率的なエネルギー消費の国と言えよう．開発途上国の多くはエネルギー低消費であることが読み取れる．この図の原点に近い国々が，これからの人口とエネルギー消費の増加により右上にシフトしていくことは必然の流れである．

　一方，消費エネルギーと CO_2 排出にはどのような関係があるのであろうか．国によってエネルギー供給構造は異なるものの，エネルギーの消費量に比例して CO_2 の排出量は直線的に増加する(**図-1.5**)．多くの開発途上国は，着実にこれからの経済成長に向けた不断の努力を続けることは間違いない．その結果，2010年時点で世界人口の実に82％は開発途上国の人口であり，開発途上国人口の64％は都市に住んでいることを考えると，これからの都市人口の増加と経済成長による CO_2 の排出量の増加はきわめて大きいものと考えておかなければならない．

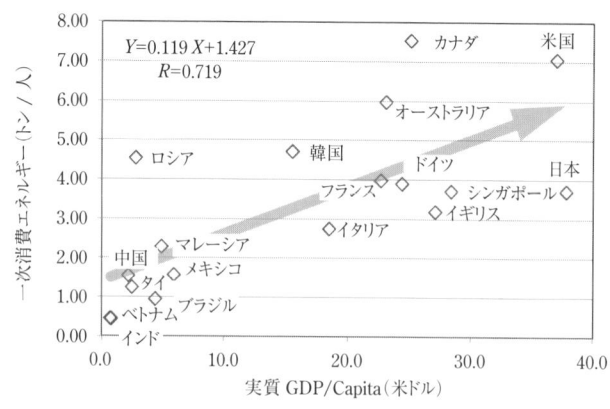

図-1.4　国民1人当りGDPと1次消費エネルギー(2009)[16]

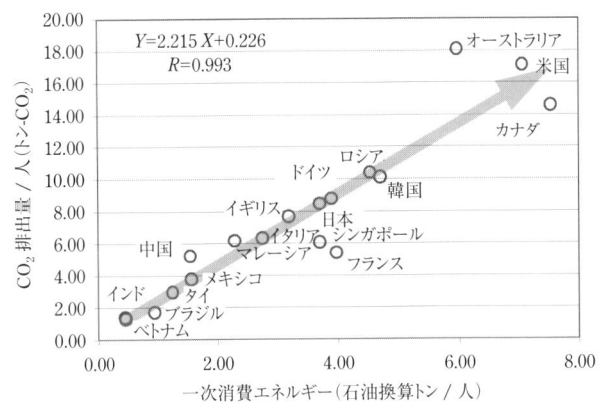

図-1.5 国民1人当り1次消費エネルギーとCO_2排出量（2009）[16]

このように考えると，地球規模での低炭素社会の実現にとって，開発途上国における省エネルギー消費と経済発展をいかに両立させるかは世界的にきわめて大きな課題であり，中でも途上国の都市の問題が中心となろう．

1-3-3 グローバル・ポリティックスとしての地球環境問題

世界的な環境問題の取組みの出発点は，1972年にストックホルムで開催された国連人間環境会議にあると言われる．この会議において，先進国からは世界的な環境汚染と自然資源の枯渇の問題が指摘され，それらに対する対策の必要性が述べられた．一方，途上国からは，先進国がこれまで環境の悪化を顧みず，自然資源をふんだんに使って経済成長を遂げたのであるから，途上国がこれから経済的な発展をするために天然資源を消費するぐらいは認めるべきではないかと主張した．

この時点から，世界の地球環境問題への取組みはいわゆる「南北問題」として，またグローバル・ポリティックスとして出発することになる．1983年に設立された国連の環境と開発に関する世界委員会はこの問題に取り組み，そこで作成された Brundtland Report（「我々の共通の未来」）は，先進国，途上国の両者が受け入れられる「持続可能な開発（Sustainable Development）」のコンセプトを明らかにした．この「持続可能な開発」は，1992年にリオ・デ・ジャネイロで開催された

国連環境開発会議(地球サミット)に引き継がれていく[17]．

この地球環境問題への取組みは，同年の国連の気候変動枠組条約(195ヶ国・機関により採択)のもとに具体化され，京都議定書による温室効果ガスの削減が規定され，2008年より5ヶ年の期間で実行に移された．そこでは途上国と先進国の主張の違いに加えて，グローバル経済のもとでの先進国における経済不況が大きく陰を落とし，世界レベルでの足並みが揃わなかったことは，地球温暖化対策に大きな影響を与えたと考えられる．

1-3-4 世界の温暖化対策の現状と CO_2

2011年12月，南アフリカのダーバンで開催されたCOP17(第17回国連気候変動枠組条約締結国会議)で，先進国(米国を除く)の温室効果ガスの削減義務を課した「京都議定書」の第1約束期間(2008～12年)の延長が決定された．言わずもがなであるが，世界の温室効果ガスの95％を占める CO_2 の排出において，世界第1の排出国である中国は京都議定書の削減義務を負わず，第2位の米国は批准していない．結果として，京都議定書で削減義務を負う参加国の CO_2 排出量は，2009年で世界全体の26％にすぎない．さらに，新たな枠組みを求めて延長期間への不参加を表明した日本，ロシア等の排出量が対象から外されることになると，削減対象となる参加国の CO_2 排出量は世界全体の15％以下になるものと考えられている[18]．

このように，世界の地球温暖化対策の現状は，グローバル・ポリティックスと世界経済の状況から，ある意味で社会的ジレンマならぬ世界的ジレンマに陥っていると言えよう． CO_2 の問題は，地球全体の問題であり，1都市，1国が単独に努力して温暖化を抑制できるものではない．そのため，この課題に対しては，先進国，途上国にかかわらず世界の各国，各都市がそれぞれ地道に努力を重ねることが求められる．

日本は米中等，すべての主要国による公平かつ実行性のある国際枠組みの構築と意欲的な目標の合意を前提に，世界の CO_2 排出量の40％以上を占める米中の参加は無論のこと，開発途上国も含めて世界各国が CO_2 の抑制に取り組める新しい枠組みづくりを強く主張してきている．そのこと自体は正論であり，世界規模で共同して取り組むことが不可欠であることから，地球温暖化の抑制に向けた

努力と貢献は，引き続き日本の責務であり，世界の手本となることを期待したい．

1-3-5　日本のCO_2排出量と都市

2010年，日本のCO_2排出量は11億9,000万トンであり，国民1人当りにすると約9.6トンのCO_2を排出していることになる．このうち，主として都市の社会経済活動に起因する家庭，業務，および運輸部門を合計すると，全CO_2排出量の約半分52％を占めている（図-1.6）．

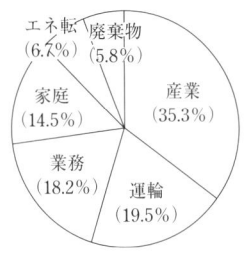

図-1.6　日本の部門別CO_2排出量の構成(2010)[7]

工場等の産業部門が全体の35％を占めてはいるが，京都議定書で基準年とされる1990年度の比較で見ると，技術革新と効率化の努力により12.7％減少させている．一方，都市地域が中心となる家庭部門，商業・サービス・事務所等の業務部門，および運輸部門では2010年でCO_2排出量全体のそれぞれ14.5，18.2，19.5％を占めているが，1990年比ではそれぞれ36，32，7％の増加となっている．なお，運輸部門では，この10年間は減少傾向に転じて1990年比7％の増加にとどまっているが，減少しているのは貨物車であり，旅客部門では乗用車利用の増加に伴い基準年比で29％の増加となっている．

このように，2010年のCO_2排出量は1990年の基準年から全体として約4％の増加であるのに対し，主として都市に起因する部門での増加はいずれも30％ときわめて大きく，都市における家庭，業務，運輸部門のCO_2の排出削減は待ったなしの状態にある[19]．

都市によって人口規模，産業構成，人口密度，市街地の大きさ等は異なり，行政区域単位でCO_2の排出を見ることが適切かどうかは今後の検討に委ねることとし，少し乱暴であるが，現在，中核市（人口30万人以上）に指定されている41の都市を対象にCO_2の排出状況を見てみよう[20]．

市民1人当りのCO_2排出量で見ると，工業都市の性格を持つ倉敷市の33.5トン／人から豊中市の3.6トン／人まで10倍近い差があるが，産業部門を除くと，最大は福山市の6.6トン／人から高槻市，西宮市，豊中市の3.1トン／人の幅にあり，それほど差は大きくない．この41の中核市別の運輸部門，家庭部門，業務

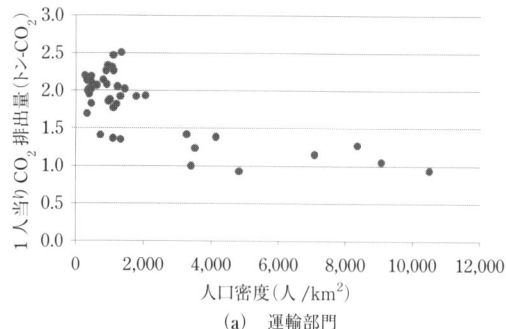
(a) 運輸部門

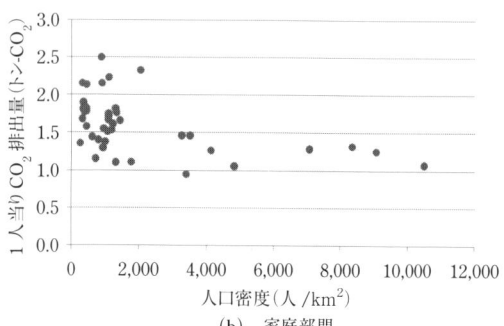
(b) 家庭部門

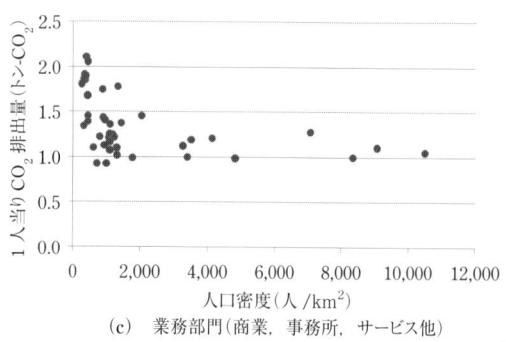
(c) 業務部門(商業,事務所,サービス他)

図-1.7 中核市(41市)における市民1人当り部門別CO_2排出量(2009年度)[20](ただし,人口密度については2010年)

部門における1人当りCO_2排出量と人口密度との関係を見ると,**図-1.7**に示すとおりである.

都市の人口密度と1人当り自動車CO_2排出量の関係については,いくつかの調査,研究から明らかにされているように,人口密度が高くなるにつれて1人当りCO_2の排出量は少なくなる傾向を見ることができる.この傾向は,運輸部門だけでなく,家庭部門,業務部門にも同様に見ることができる.家庭部門においては,集合住宅か戸建て住宅だけでなく都市規模も含めた様々な住宅のタイプと立地が密接に関係していることが伺える.また,業務部門においても,人口密度の高い都市の方が商業,サービス,事務所等が集中することにより,人口1人当りCO_2排出量を抑えていることが推察される.

1-3-6 CO_2削減を目指した都市づくり

先にも述べたとおり,1992年,リオで開催された地球サミットで国連気候変

動枠組条約が採択され，それ以降，世界規模での地球温暖化対策の議論が本格的に進められている．翌年にはECでサステナブルシティ・プロジェクトが開始されており，以来，「サステナブルシティ」，すなわち持続可能な都市は，現在に至るまで世界各国が持つ一つの共通な都市の概念として共有されている．サステナブルシティは，より具体的な都市像としてヨーロッパを中心にコンパクトシティ論へと展開され，米国では公共交通指向型開発(TOD)へと一つの流れを形成してきたと言えよう．一方，OECDは，交通に関するプロジェクトとして1994年より「環境的に持続可能な交通(EST：Environmentally Sustainable Transport)」を開始しており[21]，その活動に日本も大きく貢献している．

エネルギーの効率的な利用，エネルギー消費の節約，エネルギー供給構造の転換，排出されたCO_2の吸収，都市廃棄物の減少と活用等は，都市のCO_2排出削減にとってすべて不可欠な要素である．しかしながら，都市づくりにおける最終的な目標は，地球温暖化の抑制にとどまらず，持続可能で豊かな都市生活と都市環境の実現に他ならない．そのような意味で，都市のCO_2排出削減は，地球環境の保全という視点からサステナブルシティを測る物差しの一つであり，成熟都市にとって一つの要件と見ることができる[22]．

現在，日本の都市，とりわけ地方都市においては，都市の低密度な拡散による環境負荷の拡大，公共サービスのコスト増，生活空間の魅力喪失，超高齢社会の到来による移動困難者の増加等，問題は時間とともに拡大し，深刻になってきている．それ故，これらの課題を解決しつつ，都市の低炭素化が行きつく先の新たな都市像を構築し，いかに活力のある，豊かな都市にするかが都市計画に課せられた大きな課題と言えよう．

1-3-7　低炭素型の都市に向けた成熟都市の役割

a. エネルギー利用および供給構造　2011年3月の東日本大震災およびそれに伴う福島第1原子力発電所の爆発と放射能の拡散は，わが国に今後のエネルギー政策の変更を大きく迫っている．構成比において1次供給エネルギーの13.6%，発電エネルギーの24%を占める原子力(2008年)の利用に関し，今後どのような方向に進むについては現段階では定かではないが，少なくとも原子力への依存を低めていくことになろう(**図-1.8**)．そのエネルギーを化石燃料で補うとすれば，

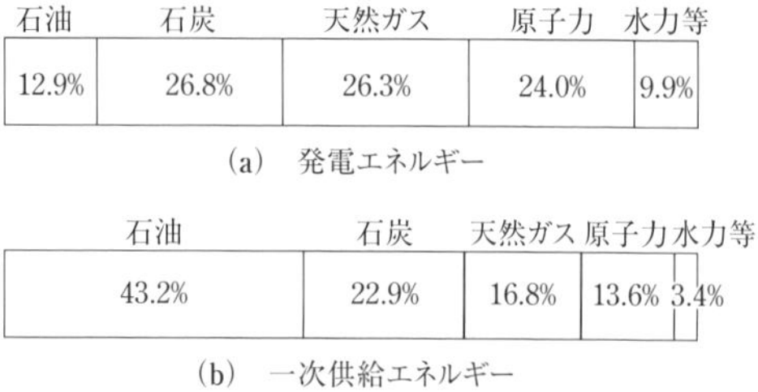

当然のことながら CO_2 排出量は増加に向かう．再生エネルギーの普及とさらなる技術開発は待ったなしであるが，低炭素型の街づくりを，都市における市民一人ひとりが，化石燃料への依存，原子力への依存を少なくする大きなチャンスと捉え，

石油	石炭	天然ガス	原子力	水力等
12.9%	26.8%	26.3%	24.0%	9.9%

(a) 発電エネルギー

石油	石炭	天然ガス	原子力	水力等
43.2%	22.9%	16.8%	13.6%	3.4%

(b) 一次供給エネルギー

図-1.8 日本のエネルギー源の構成（2008）[9]

エネルギー利用への意識改革の契機になることを期待したい．逆に言えば，そのような政策誘導が是非とも必要である．

b. 震災による被災都市の復興モデル　現在，東日本大震災の被災都市の復興計画が策定されつつあり，整備も徐々にではあるが進行している．これらの復興計画においても，低炭素型の街づくりの計画および要素技術を取り入れていく価値は高いと考えられ，当該都市の復興のみならず，今後の日本における都市づくりのモデルになる可能性は高い．そのため，計画の作成のみならず，その具体化への様々な支援，制度の応援を充実していくことが期待される．

c. 身近にわかる CO_2 削減の効果　個人レベル，地区レベル，また都市レベルにあって CO_2 削減のメニューが実行に移された時，これらの効果は，できる限りその時その時の CO_2 排出レベルと削減の状況が目に見えるようにすることが重要である．何もエネルギー消費量と CO_2 排出量で直接的に施策の効果を示すだけではなく，農地とオープンスペースの面積変化，都市緑地および樹木数の変化，都市の新開発に対する再開発の比率の変化，1人当り車利用距離の変化，公共交通機関・徒歩・自転車の利用回数の変化，公共交通機関沿いの人口の増加等，身近な指標から自己啓発していくようなシステムの提供が望まれる．

参考文献

1) 日本国勢図会 2012/13, 国勢社, 2012
2) 世界大百科事典(1988年版), 平凡社
3) 武光誠：県民性の日本地図, 文春新書 #166, 文芸春秋社, 2001
4) 田村明：都市装置と市民生活, 現代都市政策ⅤⅢ, 岩波書店, 1973

参考文献

5) ピーター・タスカ：不機嫌な時代, 講談社, 1997
6) 司馬遼太郎, ドナルド・キーン：日本人と日本文化, 中公新書＃285, 中央公論社, 1972
7) 中村良夫：風景学入門, 中公新書＃650, 中央公論社, 1982
8) 森岡清志編著：都市社会の人間関係, 放送大学教育振興会, 2000
9) 末永豊, 津田雅夫編著：文化と風土の諸相, 文理閣, 2000
10) ルイス・マンフォード, 生田勉訳：都市の文化, 鹿島出版会, 1974
11) Leo H. Klaassen, J.A.Bourdrez and J.Volmuller：Transport and Reurbanization, Gower, 1981
12) 内閣府：将来人口でみる50年後の日本（平成24年度版）, 高齢社会白書（全体版）
13) 総務省統計局：平成22年国勢調査
14) 財務省報道発表：国債及び借入金現在高（平成25年6月末現在）, 2013.8.9
15) World Urbanization Projects：The 2011 Revision, United Nations
16) EDMCエネルギー・経済統計要覧, 2012
17) Peter Newman & Jeffrey Kenworthy：Sustainability and Cities-Overcoming Automobile Dependence-, Island Press, 1999
18) 地球温暖化対策の経緯と現状, 総合資源エネルギー調査会第8回基本問題委員会資料, 資源エネルギー庁, 2012.01
19) 環境省：2010年度（平成22年度）の温室効果ガス排出量（速報値）について, 2011.12
20) 部門別CO_2排出量の現況推計(2009年度), 環境省地球温暖化対策地方公共団体実行計画策定支援サイトマニュアル・策定支援ツール
21) OECD Guidelines towards Environmentally Sustainable Transport, OECD, 2002
22) 大西, 小林編著：低炭素都市-これからのまちづくり-, 学芸出版社, 2010
23) IEA：Energy Balances of OECD Countries 2010
24) 堀正士：低炭素都市づくりの現状と今後の課題, Urban Study, Vol.50, 民間都市開発推進機構, 2010.06
25) 国土交通省都市・地域整備局：低炭素都市づくりガイドライン, 2010.08
26) 佐和隆光：成熟社会の経済倫理, 岩波書店, 1993
27) 日端, 北沢編著：明日の都市づくり, 慶應義塾大学出版会, 2002

第2章　成熟社会における都市づくり

2-1　変わる都市交通計画

2-1-1　都市交通の計画と整備：過去から現在を駆け足で

　第2次世界大戦後のおよそ半世紀は，都市への継続的な人口集中の中で，都市交通施設の計画と整備は，増大する交通需要に対応しながら，市街地の整備と一体となって都市の骨格をつくり，都市の成長と発展を支える重要な原動力になってきた．ここでは，都市内道路を中心に，その足跡を駆け足で振り返ってみたい．

a. 戦後から1950年代　　戦災復興事業(1946)によりスタートした都市内道路の整備は，揮発油税を道路の整備に充当する特定財源制度の創設(1954)により本格的に開始された．この時代は，また多くの都市で街路網が都市計画として決定され，将来に向けての都市の基本的な骨格形成の方向づけがなされた時代でもある．

b. 1960年代　　高度成長に伴って，人口と産業の都市への集中は都市交通需要を増大させ，道路，鉄道とも施設整備が需要に追いつかず，深刻な交通混雑を招いた．そのため，主要な幹線道路の整備が進められるとともに，大都市では都市高速道路の計画・整備が本格的に進められた．一方，公共交通は，それまで市民の足として親しまれていた路面電車が自動車交通の増大によって廃止されていき，大都市ではそれに代わって地下鉄の建設が進んだ．加えて，郊外からの鉄道

と地下鉄の相互乗入れと，民鉄の輸送力増強計画が本格的に進められた．

また，1967年，広島都市圏において日本で初めての人々の1日の行動を調べるパーソントリップ調査が行われ，それに基づく総合都市交通体系の計画の立案がなされた．これにより，従来の交通手段別の計画から，交通手段の組合せによる計画へと展開することとなり，総合的な都市交通計画への第一歩を踏み出した．

c.1970年代　　1970年代は，戦後から続いた高度成長に伴う各種の公害問題が発生するとともに，第1次オイルショック(1973)を経験し，都市交通施設の計画と整備も，自動車優先から環境，生活，安全性へと意識の高まりが進んだ時代と見ることができる．その一連の流れのもとに，地区レベルの交通基盤施設整備のための制度の拡充も行われた．公共交通では，引き続き地下鉄の整備ならびに民鉄の輸送力強化が進められたが，他方でバス輸送の減少が顕著となった．

d.1980年代　　1980年代に入ると，都市内道路の計画整備水準のあり方が議論され，整備のあり方と推進方策の検討が行われた．また，公共交通では都市モノレールおよび新交通システムが都市開発と一体的に整備されて供用を開始し，地下鉄は京都，福岡，仙台等で次々と開業した．

1980年代の後半は，日本のいわゆるバブル経済がピークに達し，崩壊へと向かった時代であった．高度経済成長とともに，大都市を中心にわが国の産業構造の変化に伴う大規模な土地利用転換の計画と開発が進み，関連する交通施設の整備のあり方が大きな問題とされた．また，市街地の高度利用と地価の上昇により，交通施設空間は，地下交通ネットワーク，複合交通ターミナル，建築物と一体となった人工地盤，立体道路等，単に交通施設を単独の空間として確保することから，交通以外の施設空間と複合した空間として確保する方向へと進むことになった．

e.1990年代　　日本はバブル経済が崩壊し，「失われた20年」と言われる時代に突入した時代である．経済は低迷し，地球環境問題が深刻になり，財政が逼迫する中，都市交通施設は，これまでに整備された施設を有効に使い，交通需要を適切に管理して望ましい都市交通サービスを維持しようとする交通需要管理の方策が，中心的な課題になった．それと相まって，90年代半ばには，交通渋滞，事故や環境悪化等に対して，ITS技術を高度に活用した交通管制システムが構築され，宅配便のシステムの拡大に加えてネットショッピングの普及が見られた．

f.そして2000年代　　21世紀になってからも，基本的には都市交通施設の計

画と整備の基調は大きくは変わっていないが，大規模な施設の整備を含む交通計画ではなく，それぞれの地方の課題や問題を反映したきめ細かい都市交通の計画と整備が中心課題となっている．そのいずれもが，これまで以上に都市づくりとしての性格を強くしているのが特徴である．

中心的な課題は，自動車のための空間整備というより，LRT（ライトレール・トランジット）やBRT（バス・ラピッド・トランジット）の導入，コミュニティバスの導入，魅力的な歩行者空間の整備，自転車のための空間整備等，きわめて多岐にわたっている．

2-1-2　都市圏交通計画と計画課題の変化

先に触れたように，1967年，広島都市圏において本格的なパーソントリップ調査が実施され，それに基づく都市圏交通計画が策定されてから半世紀に近い年月が経過した．それ以来，50万人以上の人口規模を持つ都市圏では同様の都市圏交通計画が策定され，概ね10年ごとの計画の見直しが行われてきた．日本におけるこのような都市圏交通計画の策定と継続的な見直しの実施は，世界的にも類のない，かつ高く評価されるものである．

都市圏交通計画は，基本的に各種交通手段の組合せをもとに計画されるべきことは誰しも認めるところである．この都市圏交通計画のマスタープランでは，将来の交通手段の分担がどうなるかを予測したうえで，道路，公共交通のネットワーク計画，個別施設計画，地区別交通計画等，施設計画を中心に計画策定がされてきた．

各都市圏とも最初の交通マスタープラン策定では，多くの新たな施設計画を含む提案がされた．10年後の1回目の見直し，20年後の2回目の見直しと，計画見直しと改定が進むにつれ，これまでに提案された計画の具体化あるいは実現には，より多くの時間を必要とすることが明確になり，見直しの過程での新たな計画の追加は限られたものへと変わっていく傾向にあった．それは，単に財政的な制約によるものではなく，成長から安定へ，効率から豊かさへ，利便性から環境へ，といった都市地域をとりまく社会経済環境と，それに対応した都市政策の変化の中にあっては必然的な流れと受け止めることができる．そのような意味で，近年の計画の主題は，単に交通施設の計画，整備，管理というより，バスや

LRT等のより市民生活に身近で，きめ細かい交通サービスの計画が中心になっている．加えて，都市計画，土地利用，環境，街づくり等，これまで以上に広範囲な分野と一体となった課題へと展開していくことが求められている．

2-1-3 計画主体と計画の管理

現在，都市圏レベルでの交通計画に関しては，パーソントリップ調査に基づく総合都市交通計画のみならず，地域交通計画（公共交通），道路整備基本計画，交通安全計画等の施設計画や個別の課題に対応する計画が，各行政主体によりそれぞれの制度的な根拠と行政目的に対応して策定されている．これらの計画の関連性について見てみると，ある部分は縦割りの行政組織の相互のやり取りの中で調整され，ある部分は独自に策定されてきた．そのため，市民や行政組織外の人々にとって，個々の計画が都市交通政策全体の中でどのように位置づけられ，他の計画との関連性がどうなっているか，きわめてわかりにくくなっている．

基本的な都市交通の政策に始まり，計画から，整備，管理，運営に至る全体的な枠組みと，個々の主体による施策の位置づけおよび相互の関連を総合的に明示して，管理できる体制と仕組みを整えなければならない．そのような意味でも，策定された都市圏交通計画を誰がどのようにオーソライズし，計画を担保し，実現化へと橋渡しをしていくかは，計画の策定と同等の重みを持つ重要な課題である．

一方，先にも述べたとおり，これからの都市圏交通計画の計画課題は，単に交通施設の物的計画だけではなく，それらの使い方，管理・運用，さらには環境，街づくり，都市整備等と一体になった内容へと重点が移されていく．また，計画提案において複数の交通手段にまたがるソフトな計画を含むパッケージプログラムも重要な提案内容となる．

言うまでもなく，各種の交通施設は，施設によってそれぞれの計画，整備，管理の主体は異なる．そのため，これらの多岐にわたる組合せの施策を一つの計画パッケージとしてどのように担保し，実現化に向けてプログラム化していくかが考えられなければならない．提案された計画のうち，市町村レベルの計画であれば，住民の意見を反映させることが定められている市町村の都市計画に関する基本方針（都市計画法18条の2）に位置づけることも一つの途であろう．いずれに

しても，対象地域の行政の長が計画と実現へのプログラムを調整し，決定できる制度上の権限を持てるようにすることが望まれる．

2-1-4 都市交通データの収集

　都市圏交通計画のための交通データは，人口規模50万人以上の都市圏ではパーソントリップ調査を基礎としている．その他，全国道路交通情勢調査（自動車OD調査），大都市交通センサス，都市圏物資流動調査，貨物純流動調査等，移動の対象，交通手段，地域の広がり，行政目的に応じて，交通データ収集のための基礎的な調査がそれぞれの行政主体によって定期的に実施されている．これらの基礎的な調査に関しても，それぞれの調査における重複をできるだけ少なくするとともに，調査および計画の主体が相互に利用し得る体制を整備していくことは重要である．

　このパーソントリップ調査について考えてみよう．都市圏の人口規模によっても異なるが，対象都市圏人口の概ね3～10％の住民が抽出され，1日の行動（交通目的，交通手段，出発地・目的地，時間等）が調査される．そのため，実態調査は，大規模，かつ非常に膨大な費用を必要としている．調査結果は対象地域内の地区（ゾーン）単位で集計されて全数に拡大され，交通実態の解析や，交通需要の予測モデル，さらには計画策定に使用される[1]．

　近年の都市交通計画の計画課題は，先にも述べたとおり，時代とともに多様化し，都市圏の鉄道や道路のネットワーク計画から，歩行者や自転車，またバスやLRTの計画が中心となり，交通管理等のソフトな施策が重要度を増している．そのような環境にあって，パーソントリップ調査そのものについてもいくつか議論がある．

- パーソントリップ調査が提供する基本データは，これらの課題に十分対応できる調査にはなっていない．
- 成熟都市の時代を迎え，都市地域はこれまでよりも変化は穏やかになり，大規模な調査を一定期間のサイクルで実施する意味が少なくなる．
- 成熟社会では，個人情報の側面からも，これまでのように個人の生活行動を調査することが困難になる．

すべての計画課題に対応できる万能の都市交通調査はあり得ないと考えるのが

妥当であろう.事実,1980年代になって,ソフトな交通政策の予測や評価に,交通行動を把握する小サンプルの実態調査をもとにした非集計交通行動モデルが多く適用されている.また,近年では,GPS搭載の携帯端末を利用して個人の詳細な交通行動をプローブ・パーソン・データとして蓄積し,交通解析や計画に適用する試みが広がりつつある.しかしながら,これらとて万能の調査ではなく,それぞれの適用分野,適用課題に対応したものと考えるべきであろう[2].

今後の課題として,計画課題に対応する各種の交通行動調査と都市圏パーソントリップ調査については,それらをどのように相互補完するかを考えることがますます重要になる.それによって,大規模なパーソントリップ調査のあり方も見えてくる可能性があろう.例えば,変化が少なくなった成熟した都市地域にあっては,国勢調査,あるいは既に行った過去のパーソントリップ調査結果をもとに,少ないサンプルでの交通調査でデータの補完することも有効になる.

2-2 都市の土地利用と交通

2-2-1 都市圏交通計画と土地利用

都市交通計画に携わる人々は,時代を越えて常に土地利用計画との調和に心を砕いてきた.「交通が土地利用に与える影響を,交通計画の中でより明示的に組み入れて,目標とする都市地域の形成と成長に貢献できないか」という命題は,交通計画に関わる多くのプランナーの願いでもあった.換言すれば,その命題は,現実的にも制度的にもきわめて難しいことであったことに他ならないし,現在も大きな変化はない.むしろ,これまで以上に困難性が増しているかもしれない.

都市圏交通計画では,多くの場合,都市圏において将来想定される土地利用パターン(主に人口分布,複数案もあり)に対していくつかの交通ネットワーク代替案を準備し,土地利用から生じる将来の交通需要に最もスムースに対応できる計画案を選択する方法がとられてきた.そのような意味では,計画技術的には人口分布という代替指標を用いているが,マクロ的には交通ネットワーク計画は土地利用とのバランスを十分に考慮して策定されてきた.

しかしながら，現実には，日本の継続的な経済成長に伴う都市地域への人口集中とモータリゼーションの進展により，都市地域の周辺部は無秩序に市街化して外へ外へと低密度に拡大する一方となり，歴史的に形成されてきた既成市街地の環境は悪化の一途を辿った．そのため，自動車なくしては基本的な生活すらできない地域も多く存在することとなった．それが都市圏交通計画で想定された将来の都市地域における土地利用と交通の目標像であるかと言えば，決して計画意図に合致したものとは言えない．

それでは，このような計画と現実とのずれは何に起因しているのであろうか．土地利用の規制・誘導の側面と交通施設の整備の側面から明快に整理できるほど単純ではないが，それらのいくつかを挙げれば次のとおりである．

土地利用の側面
・地域地区制による土地利用コントロールの仕組み
・開発許可の制度およびその運用
・農業制度とその運用との調整

交通施設の側面
・施設整備にかかる時間と土地利用の進展とのずれ
・施設整備の優先順位と実行性
・交通施設によってそれぞれ異なる計画，整備，運用の制度

これらの問題の一つをとっても，それぞれが複雑な制度と行政システムの中にあり，都市計画制度が将来の都市の姿を担保することの難しさを物語っている．だからといって，都市圏交通計画で策定された都市交通体系のマスタープランの役割が損なわれているわけでは決してない．

2-2-2　交通施設計画と土地利用

話の流れは，都市交通体系のマスタープランに基づいて，基幹的な都市交通施設が都市計画として決定され，市街地整備の基本計画に従って順次，事業に移される．

都市地域の計画的な形成と健全な発展にとって，適切な土地利用の配置とそれを支える交通施設が2つの重要な要素であることは時代を越えて変りはない．日本の最初の都市計画法(1919)がスタートした時点では，両者は車の両輪として位

置づけられていたが，土地利用計画は将来の交通施設に対して拠るべき基準を設けることがその主たる目的であった．日本の都市計画は，都市の基幹となる施設，とりわけ交通施設の計画を軸に据えて出発している．しかしながら，その後の都市地域の成長・拡大と社会経済の変化に対応した土地利用制度の改変は，両者の関係を次第に変えていくことになる．社会経済状況の変化に敏感に反応する民間の建築活動からも，それはある意味では必然の流れと理解できる[3]．

交通施設計画は，概ね20年後の目標年次に予想される土地利用（用途，容積，配置）と予定調和的にバランスすべく計画されてきた．時代状況の中で，土地利用の動向および政策が時とともに変化したとしても，法定都市計画として決定された都市交通施設は，既に土地および建物に対し私権の制限を課していることから，容易に変更することができないという宿命を負っている．

とは言うものの，都市交通施設の計画は，都市交通体系のマスタープランを受けつつも，様々な市街地開発事業の計画と連携した独自の計画と整備のプロセスを歩んできたと言える．そこでは，都市計画の事業を中心に協働的に推進できる範囲において，交通施設計画と土地利用は一体的に扱われ，多くの連携プロジェクトを成功させてきた．

一方，交通施設計画の実現という側面においては，当初，都市計画で決められている市街化区域に公共投資を重点的に投入し，計画的に市街地を誘導することに狙いがあった．しかしながら，財政的制約や住民の合意形成の困難さもあり，市街地周辺の投資のしやすい所からの整備にならざるを得なかったことも事実である．また，市街地開発事業と一体的に整備されたとしても，土地の整備と土地利用の進展に時間的ずれを生じるという悩みも持ちつつ都市の整備が行われてきたと言えよう．

2-2-3　都市開発と交通計画

20世紀最後の20年間と21世紀に入ってからの10年間は，日本にとって激動の期間であり，都市計画も大きな変革を遂げた時期であった．中でも，1980年代に民間の活力を用いた新しい都市開発の仕組みが制度化されたことと，1990年代の胎動の時期を経て2000年代に入って法律が改正され地方分権時代の新たな都市計画が一歩を踏み出したことは，日本の都市計画にとって歴史的にも

大きな意味を持つものと考える.

　それでは，1980年代はどのような時代状況であったのであろうか．日本は，第2次石油危機(1979)をいち早く乗り越え，産業は重厚長大の素材系装置型からサービス，情報，ソフトウェア等の産業へと移行し，いわゆる経済のソフト化，サービス化への転換を世界的に最も素早く成功させた．1987年から1991年の5年間にかけては，土地資産のインフレとともにこれまで経験のしたことがない長期間にわたるバブル経済による繁栄を経験することになる．

　産業構造の変化は大規模工場の跡地を生み，中曽根内閣(1982～87)による内需拡大政策に基づく規制緩和と民活路線の推進により生じた鉄道ヤード跡地は，今後の都市整備のうえでまたとないチャンスとして開発計画が進められた．それは日本ばかりでなく，ロンドンのドッグランズ，ニューヨークのバッテリー・パーク・シティの開発にも見られるように世界の大都市の共通した流れと受け止められた．

　振り返ってみれば，第2次世界大戦後，日本の都市成長には目を見張るものがあった．それまでの木造建物を中心にした市街地は，時間とともに鉄とコンクリートの市街地へと変貌していった．1980年代に入ってからは，都市開発は単に様々な都市活動のための場を準備する役割ではなく，都市開発そのものが日本の都市，ひいては日本の経済を先導する一つの基幹的産業へと変貌した．しかしながら，市街地の建築群は社会資本のストックとしてよりも，むしろフローとして見なされ，常に都市のダイナミックな変化を追い求めてきた．それもまた，土地資本を基本としてきた経済の必然的な流れと理解できる．

　再開発地区計画制度(1988)は，そのような1980年代の規制緩和の潮流にあって，民間活力の活用による都市開発を支える都市計画における対応の結果として生まれたと言えよう．同時に，「ほっておけば劣悪な高密度開発が乱立する」との思いもあったかと思われる．この制度については，「都市計画」(177号，1992)において特集"再開発地区計画"として取り上げられているので参照にされたい[4]．

　ここで1980年代の都市開発を取り上げたのは，「再開発地区計画」に代表される都市開発が，交通計画に対して多くの課題を提起したことによる．それは，ダイナミックに変化する都市において，交通計画はいかに対応すべきか，そして対応し得るかが問いかけられたからに他ならない．先にも述べたとおり，都市計画として決定された交通施設は，時とともに変化する都市開発の需要に柔軟に対応で

きる性質にはない．都市開発がもたらす周辺交通への影響の把握という計画技術的な課題もさることながら，開発がもたらす外部経済と周辺への外部不経済のバランス，そして公民での費用負担のあり方は答えが出ているとは言えない．その点に関しては，大規模店舗立地法(1998)に基づく指針への対応においても同様であろう．

また，都市開発とその時代の経済状況の関係を見ると，経済が過熱すると気持ちばかりの規制強化が行われ，冷え込むと民間投資を後押しする大幅な規制緩和が繰り返されてきたように見える．結果として，現在を含め，時代の大半は規制緩和の連続であったと言えよう

2-2-4 地区レベルの交通計画と土地利用

日本における本格的な地区レベルの交通計画については，後に1節を設けて詳述するが，市街地整備の主役である土地区画整理事業を別とすれば，住宅地域における居住環境整備事業(1975)と，都心地域における総合都市交通施設整備事業(1977)に始まる．両者とも，地区レベルにおいて新たな都市基盤施設の整備を目指しており，理にかなった計画理念を持っていたが，事業の困難性から必ずしも多くの地区で成功を収められなかった．

一方，1980年に誕生した地区計画制度は，その後，地区レベルの土地利用の規制を緩和する方向で様々なタイプの地区計画を生んだ．その中で特筆すべきは，誘導容積地区計画(1993)であった．この制度は，都市基盤施設の整備が進んでいない地区において，既定の容積率を下げて設定するダウンゾーニングを適用し，施設の整備に伴って目標容積率に上げるという点で，地区レベルの土地利用と都市基盤整備のバランスを考慮した数少ない規制強化型の地区計画と理解できる．

21世紀に入ってバブル経済崩壊後からの経済低迷が続く中，政府は都市の再生を推進するため都市再生特別措置法(2002)を定めた．この法律に基づき，民間事業者の開発に対し，都市への貢献を条件に容積緩和する特例を認める地区を都市再生特別地区として都市計画に定め，事業を推進できるようにした．これまでの容積緩和型の地区計画の延長に位置づけられると理解できる．東京を中心に全国で50を超える地区で都市計画決定がなされ，順次，事業が進められている．

そこでは，従来の都市開発諸制度にあるオープンスペース，公共・公益施設等への貢献に加え，幅広い都市再生への寄与が容積緩和条件に加えられている．その結果，例えば容積緩和が基準容積率1,000％の地区に対して800％もの容積率和のボーナスを付加させた地区もある．また，事例によっては，社会的貢献に対する容積のボーナスに違和感を感じさせる地区もあり，高度成長期の開発を彷彿させる．今後の展開を見守りたい．

一般論として，地区計画の計画内容の一つである「地区施設」については，計画と実現がきわめて難しいことは事実である．地区レベルの交通計画では，コミュニティ道路整備事業(1981)，コミュニティ・ゾーン形成事業(1996)等に見られるように，新たな交通施設空間をつくり出すのではなく，既存の道路空間の使い方を変えていく方策が現実的であったように見える．都市計画として，このような地区レベルの都市基盤空間の確保と使い方を，土地利用との調和を図りつついかに実現してくかは，引き続き「街づくり」としての都市計画の重要な課題である．

2-2-5 新たな時代の都市交通計画と土地利用

1980年代まで，日本の成功の秘訣として国際的にも評価された経済や経営，雇用，行政，教育等の日本型システムは，1990年代に入りバブル経済の崩壊とともに国際社会の中ですべてが通用しなくなった．以来，2010年を過ぎた現在でも，わが国は社会経済システムの再構築の途上にあるといえよう．それでは，1990年代からこれまでの20余年間は，都市計画にとっても失われた20年であったのであろうか．人々の生活と活動は，バブル経済の崩壊という苦い経験を糧に，ゆとりと豊かさと多様性を求めて，着実に安定化と成熟化に向けて一歩進んだと見たいところである．成熟時代に向けての持続的な都市の発展の視点，社会的公正への配慮，市民と地方分権時代の都市計画への貴重な胎動期と見るのが妥当であろう．

改定された都市計画法(2000)では，都市計画区域マスタープランが創設され，性格は異なるものの市町村マスタープランとともに都市計画のマスタープランの位置づけは明確にされ，役割は高められている．そこでは，都市交通体系の整備方針が述べられることになるが，都市交通計画と土地利用との関係から見る限り，これまでの流れの延長にあると考えられ，むしろ今後の運用に期待したい[5]．

日本で都市交通計画(urban transport planning)と言う場合，交通施設計画(transport facilities plan)，公共輸送計画(public transport plan)，道路交通計画(traffic plan)等，交通施設とサービスに関する供給側の視点に立った非常に幅広い概念と内容を含んでいる．1990年代に入ってから徐々に，都市交通計画は将来の交通需要対応の施設計画から，交通需要管理の計画へとその重点を移してきた．そのような意味では，各交通施設と，交通手段の使い方を総合的に扱う交通計画(travel plan)ともいうべき計画が重要な役割を演ずることになる．このような計画に都市計画がどのように関わるかは別として，そこでは当然のことながら現行の複雑な法制度，行政組織を越えた計画の仕組みと体制を必要とする．

一方，これからの交通施設計画は，単に交通施設の計画，整備，管理だけではなく，土地利用，環境，街づくり等，これまで以上に広範囲な分野と一体となった課題へと展開していくであろう．そのような意味で，交通施設計画は交通という機能は持つものの，むしろこれまで以上に都市の空間計画としての役割を明確にし，都市計画制度の中で土地利用と一体に計画，整備する仕組みを考えることが重要になる．

2-3 地区レベルの交通空間整備

20世紀の後半50年，わが国の高い経済成長を可能にしたのは，モータリゼーションの進展とそれに対応した道路整備が大きく寄与したのは確かである．その過程で，交通空間の整備は，自動車交通のための道路整備，とりわけ幹線道路の整備が中心となり，生活や環境といった身近な交通空間の改善には目が向かなかったのも事実である．そのような環境のもと，自動車至上社会への反省もあって出発した日本の地区レベルの交通計画は出足が遅れ，基本的な概念は，欧米諸国で示され，経験された事例を学びつつ進められたと言えよう．

2-3-1　日本の地区交通計画に大きい影響を与えた概念

C.ペリーの近隣住区論(1927)[6])および英国のブキャナン・レポート(Buchanan

Report, 1963）で提示された「居住環境地区（Environmental Area）」[7]は，日本の主として住宅地における地区レベルの交通計画の基本概念として最も大きな影響を与えた．いずれも幹線道路で囲まれた地区において，交通計画の数少ない基本原則である「通過交通を通さない」と「歩車を分離する」を図り，良好な居住環境を実現することを狙いとしている．これらの概念は，居住環境地区を取り囲む幹線道路と，幹線道路から地区道路に至る道路の段階構成が要件となっているところが重要である（図-2.1, 2.2）．

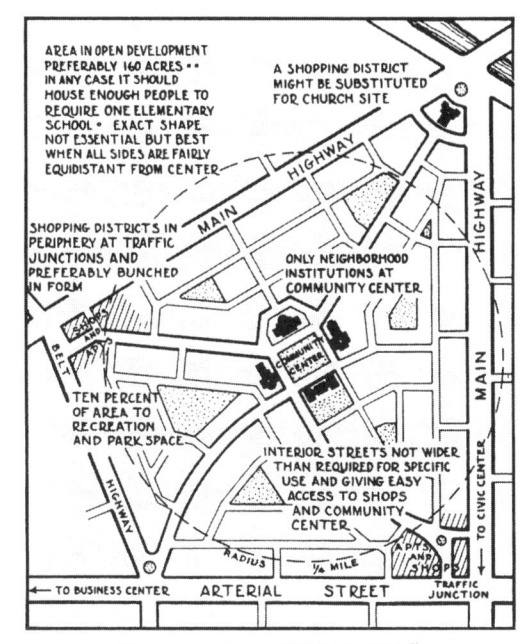

図-2.1　C.ペリーの近隣住区の概念[6]

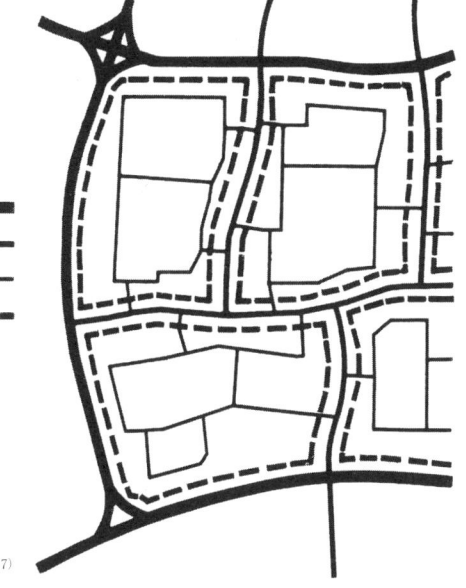

図-2.2　居住環境地区と道路の段階構成[7]

一方，都心地区における計画概念としては1960〜70年代にかけてヨーロッパの都市で適用されたトラフィック・セル・システム(Traffic Cell System)やトラフィック・ゾーン・システム(Traffic Zone System)が大きな影響を与えた．1960年にドイツのブレーメン(Bremen)で初めて導入され(**図-2.3**)，その後スウェーデンのヨーテボリ(Göteborg)，ストックホルム(Stockholm)，フランスのブザンソン(Besanson)，イギリスのノッティンガム(Nottingham)等，多くの都市へと広がった[8]．

図-2.3 ブレーメンのトラフィックゾーン・システム[8]

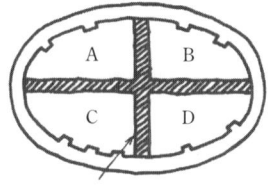

バリアーが歩行空間となっている

このシステムの特徴は，都心部を囲む環状道路の内側を数個のゾーンに分割し，自動車交通の自由な出入りやゾーン間の移動を制限することにより都心地区内の歩行者空間を確保し，路面電車やバス等の公共交通を優遇し，都心地区の活性化を推進しようとするものである．

もう一つ，大きな影響を与えた計画概念は，オランダで始まったボンネルフ(Woonelf；オランダ語で「生活の庭」を意味する)の整備である．1973年，オランダのデルフト市で初めて導入されたこのボンネルフ(**図-2.4**)は，それまでの地区レベルの交通概念とは異なり，歩行者と自動車を分離するのではなく，共存させるという全く新しい考え方がとられた．この概念に基づく道路の整備は，その後，オランダにとどまらずヨーロッパ各都市，とりわけドイツに波及し，その後，交通静穏化ゾーン，さらにはゾーン30へと展開していくことになる[9,10]．

ボンネルフは，基本的に既存の道路空間を拡張するのではなく，その使い方を変えるための整備を行うところに特徴がある．これまでの発想の逆転とも言える歩車共存の考えは，歴史的に形成されて広い街路空間を持つヨーロッパの諸都市

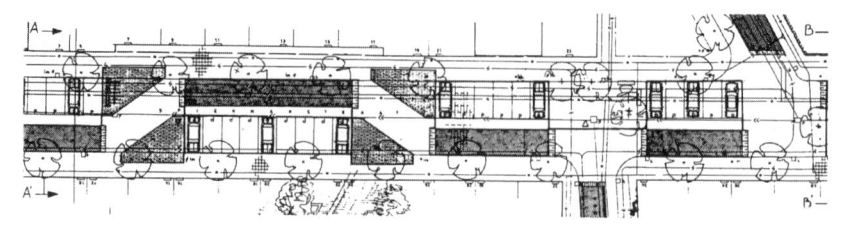

図-2.4 デルフト市のボンネルフの計画図[9]

であっても,自動車の増加により,従来の歩車分離の空間を確保することが困難になったことを背景として挙げることができる.

以下,これらの概念と事例が日本の地区レベルの交通空間整備にどのように適用されてきたかを見ることにしたい.

2-3-2 日本での適用と実践

C.ペリーの近隣住区論(1927)から居住環境地区(ブキャナン・レポート,1963)へとつながる一連の住宅地における計画概念は,日本では居住環境整備事業(1975)として制度化された.その先駆けである,代表的な事業地区として兵庫県尼崎市の南塚口地区居住環境整備事業がある.阪急電鉄神戸線・南塚口駅の南に位置する 82 ha の地区を対象に,外周幹線道路をはじめ,地区内の歩行者系道路を含む合計 14 路線,総延長約 7 km の道路が都市計画決定され,X型交差点やクルドサック等の配置が行われている(**図-2.5**,**写真-2.1**).事業そのものは 30 年以上過ぎた現在も完成に向けて推進されている[11].

ドイツはじめ欧州各国で普及した都心地区における交通セル方式とゾーンシステムを手本に,日本では総合都市交通施設整備事業(1977)が

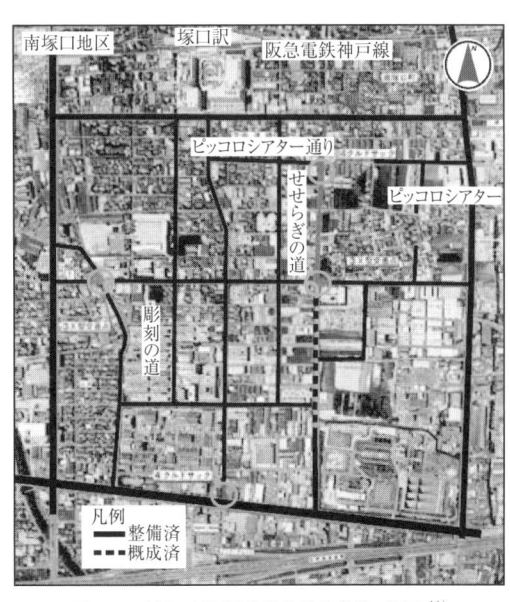

図-2.5 南塚口地区居住環境整備事業の概要[11]

写真-2.1 X型交差点(南塚口地区)[11]

制度化された．その先駆けとして事業に取り組んだのは長野市であった．長野市では，商工会議所の提案を受け，1979年に交通セル計画（総合都市交通施設整備事業基本計画）が策定され，実現に向けて事業がスタートした（図-2.6）．交通セル方式の基本的要件でもあるセル環状線が完成したのは，1998年の冬季オリンピックの開催直前であり，それまでに実に20年の歳月を要している．その後，長野市の目抜き通りであり，セルの境界道路である長野駅から善光寺に至る中央通りを歩行者優先道路（表参道ふれ愛通り）とするための計画づくりが始まった．それから約10年，議論と社会実験を重ね，一部区間は事業化に向かっている（写

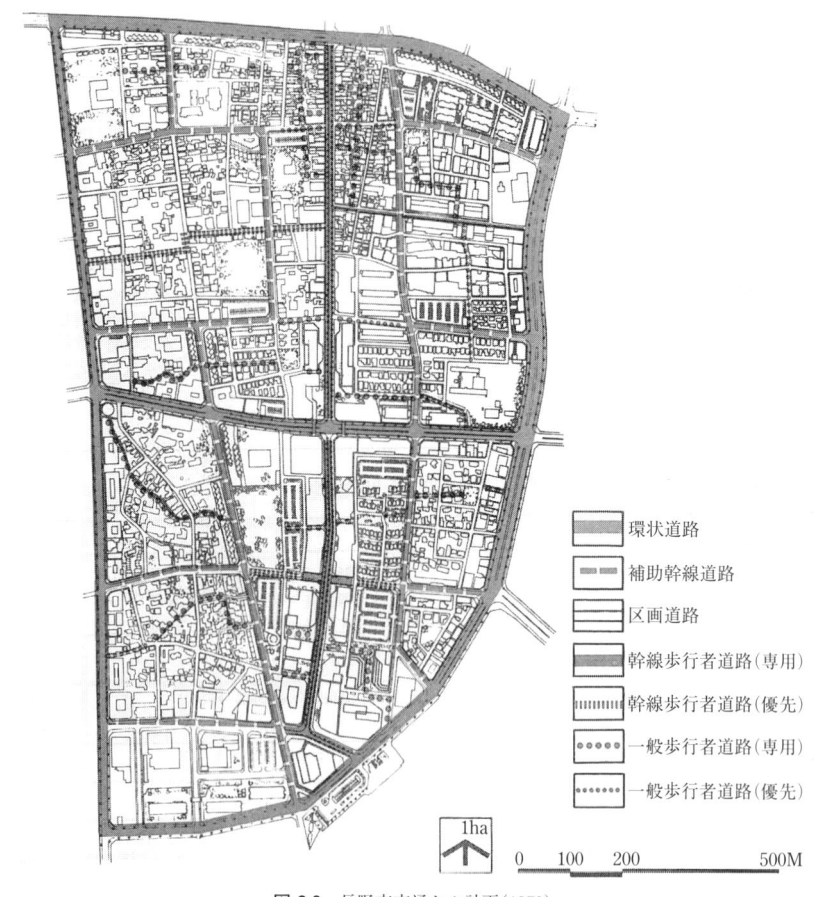

図-2.6 長野市交通セル計画(1979)

これら2つの事例からも明らかなとおり、いずれの計画も事業の開始から30年以上の期間を経過した現在もまだ完成への途上にある。計画の理念および基本的考え方は大変優れたものであったが、狭隘な街路で構成されてきた日本の市街地では、多くの新たな道路空間の整備を必要とし、事業費や事業期間等の制約から必ずしも広く普及するに至っていない。近年になって、これらの制度は、歴史的な環境を残している地区の街づくり、また街並みや景観を中心にした街づくり等に統合され、都市および地区の特色が生かせる柔軟な街づくり手法へと変貌を遂げつつある。

一方、オランダのボンエルフをモデルに、ドイツでは交通静穏化ゾーンからゾーン30へと、地区レベルでの歩行者空間を中心にした整備が進められたのに対し、日本では「コミュニティ道路」として歩車共存道路の整備が制度化され(1981)、大阪市阿倍野区長沼地区で初めて実施されて以来、瞬く間に全国に広がった(**写真-2.3、2.4**)。その後、このコミュニティ道路は、「ロードピア構想(住区総合交通安

写真-2.2 長野市「歩行者優先道路・表参道ふれ愛通り」の一部完成区間(2011.12)

写真-2.3 コミュニティ道路(住宅地区、高坂市)

写真-2.4 コミュニティ道路(住宅地区、福島市)

全モデル事業)」(1984)からコミュニティゾーン形成事業(1996)へと路線の整備から面的な整備へと広がり，さらに2003年度には歩行者・自転車交通が優先される「くらしのみちゾーン」形成事業へと展開を見せている．

ゾーン30は，住宅地等の生活道路の多い区域で，最高30 km/時の面的な速度規制を設定し，車から歩行者や自転車を守る交通安全対策の一つである．2006年，川口市で保育園の園児の列に乗用車が突っ込み，園児4名が死亡し，17名が重軽傷を負った事故をきっかけに，市長が先頭に立ってこのゾーン30の導入を働きかけた結果，2011年に全国で初めて指定された．その後，この「ゾーン30」の導入は全国的に広がっている．

この一連の「コミュニティ道路」から「くらしのみちゾーン」の事業，また「ゾーン30」の対策は，基本的に新たな道路空間を生み出すのではなく，既存の道路および道路網の断面構成および使い方を変えることによって，歩行者や自転車を優先した安全で快適な交通空間を実現できることから，広く普及してきたと言えよう．そこには，海外のモデルをもとに，日本の市街地の特徴に合った道路と地区の環境をつくり出してきたわが国の知恵と高度な適用技術を見ることができる．加えて，何よりも人々の環境への意識の高まり，自動車優先社会への反省，さらには人々の持続可能な都市交通へ向けた潜在的な意識が後押ししてきたと言えよう．

2-3-3 自転車のための空間整備

自転車政策についてはどうだったのであろうか．日本は世界でも有数の自転車大国である．健康に良く，環境に優しく，省エネルギーで，空間をそれほど必要としない自転車であるが，なぜか都市交通の手段として最も弱い立場に置かれてきた．車道の走行では自動車から余計もの扱いされ，歩道では歩行者からの凶器のように見られてきた．

自転車道の整備に関する法律(1970)を受けてスタートした大規模自転車道事業は，比較的長距離のレクリエーション用の自転車道を対象として整備が行われている．この制度は，欧州各国のツーリズムに対応した長距離自転車ネットワークが参考にされたことは容易に想像される．2009年度末で，全国4,300 kmの計画のうち3,600 kmが整備されている．

一方，都市内の自転車空間整備について見ると，自転車は軽車両として車道走

行が原則とされてきた．その結果，自動車との交通事故が多発し，1978年の道路交通法の改正により自転車の歩道での通行が緊急避難的に可とされたが，それはあたかも歩道通行が原則であるかのように運用された．そのため，自転車道の整備は遅々として進まなかったが，自転車政策は，当時の社会的な問題でもあった駅前等の放置自転車対策へと重点を移していった．その後，自転車のブームに乗って歩道での自転車走行が増加し，歩行者との事故を多発させた結果，自転車の走行空間をいかに確保するかが喫緊の課題となった．

それらを受け，2008年，国は自転車走行環境整備を行う98のモデル地区を指定し，分離された走行空間の整備に向けて重い腰を上げた．2011年には，自転車の歩道走行の制約が強められ，自転車走行空間をどのように確保するかは今後とも自転車政策にとって最も重要な課題である．

これまで，都市内の自転車政策については，一歩進んだ欧米の政策をモデルにするより，むしろ日本独自の対応によってきたと言えよう．自転車を都市交通の一つの重要な手段と位置づけてこなかったことが最大の要因であるが，都市内において自転車のために割ける空間があまりにも少なかったこと，自動車交通を至上としてきた都市交通政策も責を負わなければならないであろう[14〜18]．

2-3-4　安全で魅力ある地区の道路空間に向けて

「ヨーロッパの都市でできて日本の都市ではなぜできない」は，わが国の都市づくりにおいてよく言われることの一つである．それを歴史と制度と国民性の違いに求めることは容易であるが，海外の都市との間にある多くの共通点を生かし，異なる点を学びつつ，日本に適した空間整備が進めてきたことは大いに評価すべきである．しかしながら，地区レベルの交通空間に対する取組みは，どの国も決して平坦な道を歩んできたのではないことを十分に理解すべきである．

既存の道路空間を歩行者と自転車，また人々の交流と賑わいづくりのための空間へとつくり変えていくにあたり，それぞれの都市の成り立ち，道路，建物等の多くのことを理解することが大事である．それらを乗り越え，日本の都市空間の特性を生かした，魅力と賑わいのある都市空間に向けての道路空間の再構築は具体的なものとなる．実際，時間的には遅れはあるものの，一歩一歩，着実に欧米の経験をフォローしているように見受けられる．それを可能にしているのは，世

界的な環境意識の高まりや、ゆとりある生活への指向等の共通の認識のもと、日本の都市空間に適した空間整備への方向が模索されている結果ではないであろうか。関係主体間の合意形成についても同じである。

制度的には、国によって市町村長が持つの道路管理者としての権限と交通管理者としての権限の大きさが異なり、市町村長が両者の権限を同時に持つ西欧諸国と同じような制度を期待することは現時点では難しいと思われる。しかしながら、日本でも、道路空間を活用した地域活動を円滑化するにあたってのガイドラインが示されるとともに[19]、市町村あるいはNPO法人等による道路空間への関与の拡大（道路法の改訂、2007）等、少しずつであるが道路空間の柔軟な利用に向けての取組みが試みられている[20]。また、2010年には「道路法制に新展開：人間重視の道路創造を目指して」[21]と題する道路法や道路交通法等の道路の空間的な利用に関する法制度の議論等は注目すべきであろう。これらをきっかけに、さらに新たな取組みへと展開することを期待したい。

2-4 自動車依存の軽減

2-4-1 モータリゼーション成熟時代

1911年、ヘンリー・フォードがT型フォードを世に送り出して、はや1世紀を超える時間が過ぎている。20世紀、とりわけ後半の半世紀は、間違いなくモータリゼーションの時代であったと言って過言ではない。自動車の保有と利用は、わが国はもとより、世界のすべての都市において各種の都市活動、居住地の選択、さらには都市の形態から空間構成に至るまで、きわめて大きな影響を与えてきた。加えて、車の保有と利用が単に交通手段としてばかりでなく、国民の生活スタイルや文化まで深く入り込んでいることも忘れてはならない。その結果、もはや自動車なしに都市の活動および生活を営むことは考え難く、自動車そのものが都市システムに不可欠な要素となっている。

そのような自動車社会にあって、私たちは引き続き自動車に依存した都市を営んでいくのであろうか、またそれは可能であろうか。それとも、自動車依存から

の開放に向けて舵を切り換えられるのか，その選択が問われていると言えよう．

世界の自動車保有台数は 2010 年に 10 億台を超えている．世界全体では着実に増加しているが，地域別に見ると，開発途上国の増加が顕著で，既にモータリゼーションは成熟時代に入ったかに思われる先進国（OECD 諸国）でも依然として増加傾向にある．それに対して，日本の自動車保有台数は，2005 年以降，ほとんど増加が見られず，2010 年時点で約 7,500 万台にとどまっている（図-2.7）．

国別に見ると，国土面積の広い米国，オーストラリア，カナダは人口 1,000 人当りの自動車保有台数はいずれも 600 台/1,000 人を超え，米国は 800 台/1,000 人で，世界で最も多い台数になっている．それに対し，イタリアが 700 台/1,000 人と多いものの，ヨーロッパ諸国ではおしなべて 550～600 台/1,000 人で，比較的安定的な推移を見せている．いずれも様相は異なるものの，既にモータリゼーションは成熟時代に入ったかに見受けられる（図-2.8）．

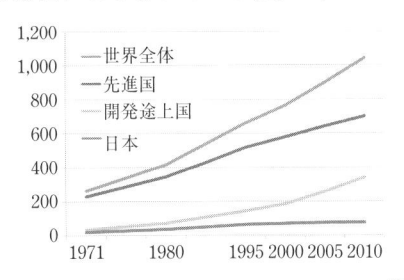

図-2.7 世界の自動車保有台数（単位：百万台）[22]

日本でも，既に総保有台数では 1 世帯 1 台の時代から，免許保有者 1 人当り 1 台に近い時代になっている．大都市と地方都市において自動車の保有と利用のされ方は異なるものの，全体としては着実にモータリゼーション成熟期と言える時代へと進んでいる．大都市では，近年，若者の車離れが言われる一方で，地方都市では，自動車なしには日常生活に支障をきたすことも確かである．

図-2.8 主要国の四輪車普及率（2011 年末現在）＜ JAMA 資料より＞

このモータリゼーションが今後どう進展していくのかは必ずしも明確ではない

が，所得と自動車費用との関連，今後の免許取得者の増加と高齢者の車利用の増加等から見る限り，自動車利用の潜在的な需要は今後ともきわめて大きいと認識すべきである．このことは，単に交通需要に対応する観点からの道路整備は，自動車の潜在需要を顕在化させることを意味する．また，公共輸送手段の整備・強化による自動車交通から公共交通への転換の試みは，これまであまり成功していないことも十分考慮すべきである．

2-4-2　自動車依存軽減と都市づくり

車の持つモビリティが様々な立地を自由にした結果，市街地は外へ外へと低密度に拡大し，歴史的に形成されてきた中心市街地は，集中する自動車交通を十分に受け入れることができない状態が続いている．郊外の住宅地，沿道型商業施設さえも，さらに外縁部への立地により荒廃の危うささえ見せている．先にも述べたとおり，自動車なくしては基本的な生活すらできない地域も多く存在する．そのような都市地域にあって，大量の自動車による人と物の移動は，都市全体のモビリティの低下をもたらすばかりでなく，都市地域に過大な環境負荷をかけていることは周知のとおりである．

高齢社会と人口減少という時代の到来を迎えるばかりでなく，空間制約，財政制約の中にあって，低密度の広がったモータリゼーション成熟時代の都市地域というキャンバスに，いかなる将来の姿を描くことができるのであろうか．そのような都市の在りうべき形について，引き続き皆で議論し，共有することはきわめて重要である．

「持続可能な都市」は，それを目指す一つの理念であろう．持続可能な都市の一つの概念として，Peter Newman の著書「Sustainability and Cities」(1998)に示されるように，都市を一つのメタボリズムとして考えると，資源(土地，エネルギー，水，物質)のインプットと廃棄物(大気，液体，固体の廃棄物)のアウトプットを最小限に抑えつつ，住環境(健康，職業，収入，住宅，レジャー施設，公共交通施設，公共のスペース，近所付合い)の向上が約束される都市であると理解できる(図-2.9)．都市計画が形へのこだわりを薄めていく傾向を見せている中で，サステナビリティをどのように都市づくりにおいて具体的な形に落とし込めるかは課題の一つである．第1章で述べたコンパクトシティもサステナブルな都市を具

2-4 自動車依存の軽減

体化する一つであり，公共交通，自転車環境，歩行者空間の充実により自動車依存を軽減するという共通の目標を持つ[24]．

交通戦略と都市の形の関係については，少し古くなるが，英国の J. M. Thomson が，その著書「Great Cities and Their Traffic」(1977)で都市を交通システムの観点から**図-2.10**に示す5つのタイプに分類している．この中で，ロサンゼルス等の米国の都市に見られるグリッドパターンの街路網で構成される完全自動車型(Full Motorization)の都市では，都心の形成がされにくく，低密度に広がらざるを得ないとしている．交通システムの選択が都市の形に大きな影響を与えることを理解する一助になろう[25]．

世界の多くの都市で，自動車依存からの解放を目指した様々な試みが行われている．一例ではあるが，特色ある都市をいくつか挙げてみよう．

・早い時期より都心地区を歩行者に開放したミュンヘン(ドイツ)

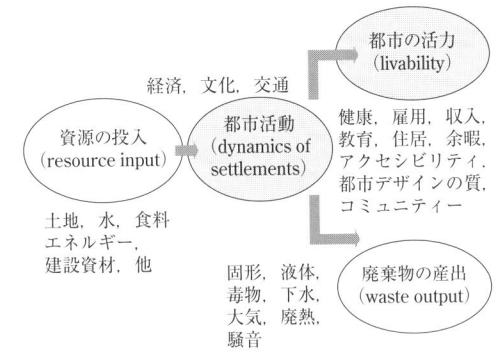

図-2.9 持続可能な都市(拡張メタボリズム)[28]

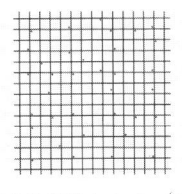

(a) Full Motorization(ロサンゼルス，他)

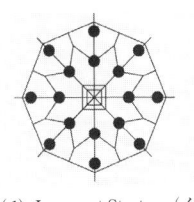

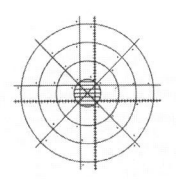

(b) Weak-center Strategy(コペンハーゲン，ワシントン D.C.，ボストン，他)

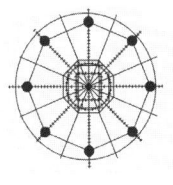

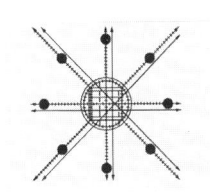

(c) Strong-center Strategy(パリ，ニューヨーク，東京，モスクワ，他)

(d) Low-cost Strategy(イスタンブール，カラチ，マニラ，テヘラン，他)

(e) Traffic-limitation Strategy(ロンドン，シンガポール，他)

図-2.10 J.M.Thomson による5つの交通戦略

- 歩行者中心の都市づくりを実践するボウルダー(米国)
- 自転車を主要な交通手段と位置づけるアムステルダム(オランダ)
- バスシステムと土地利用を有機的に統合させたクリチバ(ブラジル)
- 路面電車の復活と導入によって都市と都市空間の再編を図るナント(フランス)
- LRTとバスを軸にした交通計画とその実現を推進するポートランド(米国)
- 早期から自動車のない日を実践してきたラ・ロッシェル(フランス)

等である．

これらの都市が，どのように自動車依存の軽減を目指した都市づくりを推進し，実現させてきたかを一言で述べることは難しい．ただ，いずれの都市にも共通なことは，少なくとも単に新しい交通システムの計画や整備を進めてきたのではなく，それぞれに都市が，将来目標に向けての総合的な都市づくりとして，長い時間をかけて推進してきた結果であることに留意すべきであろう．

2-5　成熟時代の交通空間の計画と整備

2-5-1　計画と整備のいくつかの課題

21世紀，これからの交通計画は変わろうとしている．交通需要の増加と，それに対応する交通空間と交通サービスの提供を繰り返すという図式は考えられない．21世紀に相応しい交通計画の新たな理念と規範を必要としている．以下，そのような明日の交通計画にとって重要となるいくつかの切り口を考察してみたい．

a. 高度IT情報時代の交通サービス　　人，もの，技術文化，そして地域が成熟化する中で，新たなコミュニケーション技術を駆使して，地域は活力を見出そうとしているように見受けられる．IT(information technology；情報技術)が進展する中にあって，都市地域ではテレワークやスモールオフィス・ホームオフィス(SOHO)，e-コマース，ネットバンキング等の普及は，人々を立地から解放し，一見，都市に集中する必然性もなくなりそうに思える．しかしながら，現実には

その逆で，情報技術によって加工された大量の情報が一般に広く拡散すればするほど，経験やノウハウ等のITを通しては共有できない情報を求めて都市に集中する．

これまで交通と通信の関係は，代替性を持つと考えられ，通信や情報技術の進展は，交通需要を減少させると考えられてきた．しかしながら，これからの時代は，都市は情報を生み出す源になり，知識と知恵が都市を成長させる原動力となる．都市づくりは，そのような情報を育み，発信できるような都市の構造や空間の配置，さらには空間のデザインをどのように組み立てるかが課題となる．

b. 交通サービスの競争と管理　21世紀に入り，多くの分野で規制緩和の動きが進行しており，交通の分野でも例外ではない．これまで，公共サービスの安定的供給を大義名分として，中央集権的な管理のもとに供給されてきた交通サービスは，航空，バス，タクシー等，一歩一歩ではあるが市場競争の場を広げている．

国土レベルの広域交通にあっては，今後とも，これらの交通手段が市場経済のもとで相互に競い合い，全体のサービス向上を図っていくことが期待される．交通手段相互の競争は，利用者の選択性を高め，効率性を増すことにつながる．

交通需要の多い都市地域にあっては，個々の交通がもたらす環境への影響をはじめとする外部不経済を内部化するのが困難である．そのため，複数の交通手段をいかに総合的，一体的，政策的に扱うかが課題となる．その場合でも，できる限り各交通手段相互間や同一交通手段内において市場原理が働くことが重要である．

一方，地方都市にあって市場競争型の交通サービスの提供は容易ではなく，管理型のサービス供給が不可避である．その場合でも，提供される交通サービスと地域住民の負担の関係が理解されることが重要である．

c. ストック型の輸送構造への再構築　これまで日本では，都市の活動レベルに見合う交通施設空間が十分確保できないできた．そのギャップは，高度な交通管制システムや宅配便のシステムに代表される世界でも最高水準のフローのチャンネルと機能によって埋められてきた．トヨタのカンバン方式やPOSシステムの普及等を見るまでもなく，企業は自らの商品等のストック空間を最小までに削減し，それまでのストック機能を輸送におけるフローの機能に置き換えてきた．その結果，多頻度少量輸送と厳しい時間指定の制約から，商品の配送車両は道路上を必要以上に走行し，外部不経済をまき散らしてきたといっても過言ではない．

発展と成長期の社会にあっては、交通施設は活動需要に対応するために機能する。一方、安定と成熟の社会にあっては、それまでに整備された施設空間を、地域の質を高め、豊かにし、様々な活動を活発にするために機能させることが重要になる。そのためにも、物資の輸送構造におけるストックとフローの関係を再点検し、新たなバランスを求めていくことが望まれる。

2-5-2 計画と整備の方向

a. サービスレベル型交通ネットワークの形成　歴史的に形成されてきた日本の都市では、その規模が大きくなるに従い従来の市街地形態を大幅に変更させることなく、道路ネットワークですべての交通に対して必要なモビリティを確保することは困難であると言われる。

モータリゼーションの成熟期における交通ネットワークの計画と整備にあたっては、車の利用に対する潜在的な需要が相当程度大きいことを認識することが重要である。繰り返しになるが、単に交通需要対応の観点からの施設整備は、潜在需要の健在化との繰返しを意味しよう。したがって、交通需要の管理、環境を考慮した車両の技術的改善、代替エネルギーの技術開発等、自動車とその利用に関しての様々な工夫が組み合わされる必要がある。同時に、交通の制限を必要とする場合にあっても、不特定多数の利用者の中から特定のグループに対して交通制限するのは、社会的公正の観点からも困難を伴うであろう。

そのような意味で、交通ネットワークの形成は交通需要対応型ではなく、都市計画として必要な計画水準を達成しつつ、ネットワーク内のサービスレベルが需要との関連で平準化を指向するようなサービスレベル型、あるいは交通需要管理型とも言うべきネットワークの形成が必要となる。

b. 開かれた交通施設空間の創出　交通施設空間のストックが必ずしも十分でない日本の都市では、その事業にあたって多くの制約があるものの、基本となる平面としての交通施設空間の確保はきわめて重要である。同時に、最近に見られる交通空間の整備の動向からも想像されるように、交通施設空間は移動のための空間に加えて、都市の様々な活動のための都市空間として、また、その魅力を創出する空間としての役割がますます重要になる。これらの空間計画は、これまでの主として交通施設内で完結する魅力づくりから、周辺とより一体化かつ開かれ

た空間としての魅力づくりへと展開するであろう．結果として，地表，中空，地下を含め，建築空間とも一体かつ開かれた交通施設を中心に，各種活動空間が連続的に結びついた複合都市空間ネットワークとも言うべき形態が生み出される（図-2.11）．

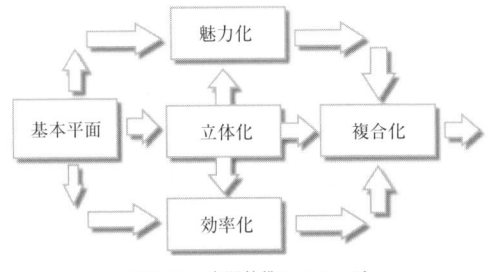

図-2.11 空間整備のステージ

これらの実現のためには，公共，民間という空間区分を出発点としながらも，セミパブリック，セミプライベートといった中間領域の果たす役割が大きく，そのための法制度の充実が必要となる．また，主体間の異なる空間を一体的に計画，整備することから，計画から整備，管理，運営に至る総合的な組織とその運用が不可欠となろう．

2-5-3 計画と整備のシステム

都市地域が安定化と成熟化へと進むにつれ，欧米の諸都市に見るまでもなく，都市整備の主要な課題は基幹的な施設整備から身近かな「街づくり」へと推移していくことは必然の流れである．この「街づくり」という言葉には柔らかな響きがあり，人々に気安さや親しみやすさのイメージを与える．その定義は必ずしも明確ではないが，次のようないくつかの特徴を挙げることができる[26]．

- 市民が主体的となり，自らの手で地域をつくり変えていく参加型の活動であること
- その対象は地域のハードな物的環境とともに，よりソフトな生活環境を組み込むものであること
- 計画をつくることにとどまらず，整備から管理運営までの連続性を持つこと
- 計画から実現までに長期間にわたる継続的な取組みを必要すること
- 合意形成や関係主体のパートナーシップの仕組みづくりが重要な役割を果たすこと

これらの街づくりの特徴は，もともと従来の都市整備の考え方と対立するものではないが，「基盤整備」という言葉には，何か硬いイメージが常につきまとうこ

とも事実である．このことはある意味では，従来の法定都市計画が今日的な時代の潮流に対応できず，制度的な疲労を起こしているとも考えられる．

一方，「街づくり」がどこでも成功しているわけではない．これまでにも指摘されているように，多くの課題を内包している．しかしながら，それにもかかわらず，多くの地域で「街づくり」の取組みが試みられ，広がっていることは，今後の都市整備の基本的方向，すなわち，「街づくりとしての都市基盤整備」への方向を示しているものと理解すべきである．

いずれにしても，都市社会の成熟とともに都市基盤施設の計画や整備に対する社会的合意を形成させることは難しくなる．参加と学習のシステムの役割は大きくなり，経験の積み重ねが何よりも重要である．そこでは，関係する人々にとって，計画と整備に関する情報によって得るメリットがそのために費やす広い意味でのコストを上回ることが必要であり，説明能力の向上とともに幅広い情報公開が必要不可欠であることは言うまでもない．

2-5-4　計画と整備の新たな形

21世紀の前半には，日本の都市人口は，ピークを経て減少の時代を迎えるとともに，都市交通施設の計画の考え方は大きく変わっていくことが想定される．それまでの間に整備されたサービスレベル型のネットワークは，交通施設空間の質を高め，豊かにするための貴重な空間として機能しなければならない．都市交通空間に関しては，それまで利用者がもたらしてきた外部不経済を内部化し，本来のモビリティを提供する絶好の機会を提供しなければならない．それらが結果として，都市の安定化と成熟化への第一歩になると思われる．

先にも何度となく繰り返してきたが，これからの成熟社会の交通空間の整備は，環境の制約，財政の制約，そして既に高密度な市街地からくる空間制約が重くのしかかっている．そのような制約を踏まえると，今ある交通空間をどのように利用し，活用し，更新するかがきわめて重要な課題になる．

本書では，具体的には，下記の課題を取り上げ考察してみたい．
・今後，修復や更新が必要になる市街地の高架道路や高速道路は，その更新等に合わせて，都市空間の再構築にどのように貢献できるか（第3章）．
・鉄道の立体化は，都市空間を劇的に変える最も大規模な都市の空間改変の事

業であるが，どのように新たな都市空間の活用を生み出すことができるか（第4章）．
・高密な既成市街地を形成している都市地域では，新たに街路空間を確保することが困難な中，既存の街路空間でどのような新たな使い方か考えられるか（第5章）．

参考文献

1) 黒川洸：都市圏パーソントリップ調査の歴史，土木学会誌，Vol.98，No.10，2013
2) 国土交通省都市・地域整備局：都市・地域総合交通戦略および特定の交通課題に対応した都市交通計画検討のための実態調査・分析の手引き，2009
3) 特集：都市交通計画と土地利用，都市計画，112号，1980
4) 特集：再開発地区計画，都市計画，177号，1992
5) 日本都市計画学会編：都市計画の意義と役割・マスタープラン　都市計画マニュアルⅠ総合編，丸善，2002
6) C.A. ペリー，倉田和四生訳：近隣住区論，鹿島出版，1975
7) 八十島，井上訳：ブキャナン・レポート　都市の自動車交通，鹿島出版会，1965
8) 魅力ある都心づくりシリーズそのⅡ，都市交通の改善－トラフィック・ゾーン・システム導入の可能性－，トヨタ交通環境委員会，1982.1
9) 天野光三他：歩車共存道路の計画・手法－快適な生活空間を求めて－，都市文化社，1986.12
10) 交通工学ハンドブック・シリーズ，地区交通計画，交通工学研究会，2002.3
11) 来馬重則：南塚口地区居住環境整備事業の今，都市と交通，通巻72号，日本交通計画協会，2008.2
12) 長野市都市計画課：中心市街地の環状道路とその背景「中央通り」－歩行者優先道路化に向けた取り組み－，都市と交通，通巻68号，日本交通計画協会，2007.2
13) 長野市都市計画課：長野市中心市街地の交通対策－表参道ふれ愛通り（中央通り歩行者優先道路）－，都市と交通，通巻72号，日本交通計画協会，2008.2
14) 小林奉文：自転車施策の課題，レファレンス，平成16年7月号，国立国会図書館
15) 元田，宇佐見：わが国における自転車道整備に関する歴史的考察，土木計画学研究・講演集，Vol.38，土木学会，2008.11
16) 元田，宇佐見：わが国における自転車道整備鬼関する歴史的考察（その2），土木計画学研究・講演集，Vol.40，土木学会，2009.11
17) 横島庄治：サイクルパワー－自転車がもたらす快適な都市と生活－，ぎょうせい，2001.3
18) 古倉宗治：成功する自転車まちづくり－政策と計画のポイント－，学芸出版社，2010.10
19) 国土交通省道路局：道を活用した地域活動の円滑化のためのガイドライン，2005.3
20) 篠原，北原，加藤他：公共空間の活用と賑わいまちづくり第Ⅳ部，学芸出版社，2007
21) 道路法制に新展開：人間重視の道路創造を目指して，IATSS Review，Vol.35，No.2，2010.8
22) EDMC／エネルギー・経済統計要覧2013年版

23) Peter Newman：Sustainability and Cities – Overcoming Automobile Dependence –，Island Press，1998
24) 海道清信：コンパクトシティ－持続可能な社会の都市像を求めて－，学芸出版，2001
25) J.M.Thomson：Great Cities and Their Traffic，London：Gollancz，1977
26) 佐藤滋編著：まちづくりの科学，鹿島出版会，1999
27) 淺野光行：人にやさしいまちづくり，月刊建設，92-1，1992
28) 淺野光行：新しい交流アイテムへの視座，アーバン・アドバンス，No.24，2002
29) 淺野光行：自動車依存からの解放と都市づくり，都市＋デザイン，Vol.16，都市づくりパブリックデザインセンター，2000

第3章　都市内道路の整備・更新と都市空間の再編

3-1　成熟時代の都市内道路の整備と役割

3-1-1　需要追随時代の終焉

　20世紀の終わりから，21世紀へと時代が変わる時期に合わせるように，世界的に交通施設の整備の考え方は大きな転換を見せた．英国の交通白書"New Deal for Transport: — Better for Everyone"(1998)は，「単純に道路をどんどん作るのは自動車交通の増加に何の答も与えない．"Predict and provide"は機能しなくなっている」と述べている[1]．この"Predict and provide"とは何であろうか．20世紀後半の半世紀，先進国ではモータリゼーションの進展に対応すべく，道路交通の混雑が生じると，将来の交通需要を予測し，新たな需要に対応できるよう新しい道路を整備した．ところが，新しい道路が完成すると，交通需要は増加し，再び混雑が生じるため，これを繰り返してきた．このサイクルは図-3.1に示すようなもので，多くの先進国はこの"Predict and provide"方式で整備を進めてきた．日本でも同様で，需要追随型の整備といった方が理解しやすい．

　先にも述べたとおり，自動車利用の潜在的な需要はきわめて大きいと考えるべきで，これからも自動車が使い

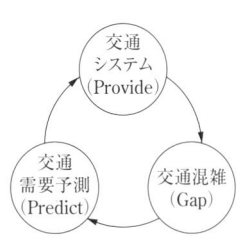

図-3.1　Predict and provide 方式のサイクル

やすくなれば，それに応じて潜在的な需要は顕在化すると考えるのが自然であろう．むろん，そのような誘発交通を考慮した交通需要予測の手法は今後とも研究が進められなければならないが，問題はむしろ予測された需要を満足させるだけの道路整備をするかにある．

都市の交通施設，とりわけ道路の整備を今後とも自動車交通の需要に合わせて整備する方向にあるかと言えば，先進国では世界的に否に近い答えが返ってくるが，日本ではいまだ不透明である．先にも触れたように日本をとりまく3つの制約条件，すなわち環境，財政，および既成市街地での新たな道路整備の困難さを考慮すれば，これまでの"Predict and provide"方式からは脱却しなければならない時代になっていることを改めて認識する必要がある．

3-1-2 ストックの維持をどうするか

高度経済成長期に集中的に整備された社会資本ストックの多くは，今後更新の時期を迎える．国土交通省の試算(**図-3.1**)によれば[2)]，2010年度以降に社会資本投資の総額の伸びを±0とし，維持管理・更新については従来どおりに対応するとした場合，維持管理・更新費が投資可能総額に占める割合は，2010年には

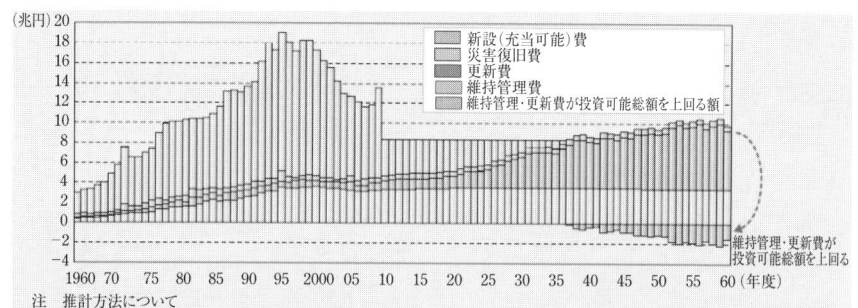

図-3.2 社会資本の維持管理・更新費の推計[2)]

50％であるが，2037年度時点には投資可能総額を上回るとされている．このことは，新規の道路に投資できる余地はなくなることを意味する．また，2011年度から2060年度までの50年間に必要な更新費は約190兆円と推計され，そのうち更新できないストック量が約30兆円となることが試算されている．維持・補修のための投資効果は限定的になると言わざるを得ず，維持・補修によるリスクの回避は，負の効果を少なくするにとどまると見るべきであろう．

都市内道路はそのほんの一部にすぎないが，状況は同じである．多くは県道であったり，市町村道路であることから，道路延長は長く，地方財政が逼迫する中，これまでに整備された道路の維持・管理，および更新は大きな課題となる．

道路の中でも，橋梁について見ると，道路橋は総数で約70万橋あり，平均使用年数は35年になる．また，市町村管理のものだけでも全体の70％に近い48万橋にもなり，財政難から十分な点検・保守に手が回らないため，通行止めや通行規制を行っている橋梁も多くある．道路トンネルについて見ると，総数では1万以上あり，そのうち都道府県管理のものが50％に近い4,700本となっており，橋梁と様子は若干異なるが，維持・管理および更新への財政的負担はきわめて大きくなるものと考えられる．いずれにしても，今後，都市内道路は，維持・管理はもとより，橋梁やトンネルの更新時期を迎えることになり，新規の道路投資への制約はますます厳しくなる[3]．

3-1-3　成熟都市の道路整備：3つの役割

これまでのような成長と変化が期待できなく，ともすれば停滞へと向かう都市地域を，都市間の競争を通して豊かで活気のある成熟社会としていくために，都市基盤整備はいかなる役割を果たさなければならないのであろうか．21世紀の成熟した都市地域に求められる基本目標は，言うまでもなくこれまでの「量」を基調とする効率性，経済性，快適性の追求から，「質」を中心とした豊さ，ゆとり，そして優しさへと基調を変えていかなければならない．

a. 都市空間のフレームをつくる　　戦後のおよそ半世紀，継続的な人口集中の中にあって，日本における都市基盤整備の推進と努力は，増大する交通需要に対応しつつ，市街地整備と一体となって都市の骨格を形成し，都市の成長と発展を支える重要な原動力の役割を果たしてきた．現在，欧米を含めた先進諸都市の中

で，既成市街地を改造しつつ，新たな交通施設の整備を継続的かつ鋭意行っている都市は日本をおいて他にはないと言っても過言ではない．しかしながら，そのような都市基盤整備への努力と推進にもかかわらず，都市活動の量が必要とする都市基盤のレベルとのギャップが埋まっていないことも事実である．

既存の都市基盤の空間だけで明日の都市づくりを本当に実現していくことが可能であろうか．先にも述べたとおり，これまで，需要と供給のギャップは，施設空間の立体的，複合的な利用に加えて，交通管制システムや宅配便のシステム，また POS システム等に代表される，高度なフローのチャンネルと機能によって埋められてきたが，それにも限界が見えてきている．加えて，成熟した都市地域において，これまでのような需要追随型の考え方で都市基盤を整備する時代は終わったと考えなければならない．成熟時代に向けた基本的考え方そのものを根本的に変えていくことが求められていると言えよう．

一方では，真に豊かで活気に満ちた成熟した都市地域の形成にとって，都市の共通社会資本としても，また基本平面としての都市基盤の空間確保は今後ともきわめて重要な役割であることも事実である．この新たな空間確保にあたっては，従来の需要対応ではなく，都市の骨格を形成させる視点，市街地のリノベーションとしての視点，また新たな都市環境を創出するという視点を併せ持つことがきわめて重要である．

b. 都市空間をグレードアップする　都市の骨格を形成する基本平面としての空間整備は，日本に活力のある間にできる限り進めることが重要であるが，その考え方は時代とともに大きく変わっていくことが想定される．**第2章**においても触れたが，発展と成長期の社会にあっては，活動需要に対応するために機能してきた．一方，安定と成熟の社会にあっては，それまでの間に整備された都市の骨格を形成する基本平面を，都市空間全体の質を高め，豊かにするために機能させることになる．それは，基盤施設内の空間のグレードアップのみならず，周辺地区における様々な空間を快適さや豊さのために提供することを考えなければならない．

具体的には，公共空間と私的空間に加え，それらの中間的な性格を持った空間の役割がますます重要になり，様々なセミパブリックな空間確保の方策が必要になる．同時に，都市交通空間については，それまで利用者がもたらしてきた外部不経済を内部化し，本来のモビリティを提供する絶好の機会として捉えることも

重要である.

c. 都市空間をリフォームする　成熟社会における都市整備の役割のもう一つは，安定し，変化が少なく，ともすれば衰退していく地域にとって市街地更新のきっかけをつくり，刺激を与え，空間をよみがえらせることである．そのような意味で，例えば，街路整備はこれまで以上に重要な役割が与えられる．都市計画として決定されながら未着手の街路は，考えようによってはそのための大きな財産になる可能性もある．結果として，整備された街路空間は，移動のための空間に加えて，都市の中心をなす活動そのものの都市空間として，また，魅力や環境を創出する空間として機能させることが可能になる．さらに，従来の主として都市施設空間の中で完結する環境づくりから，周辺市街地を含めた開かれた地域空間としての魅力づくりへの展開が求められることになり，地区レベルの街づくりと一体になった整備が求められる．

　リフォームの形態はもう一つある．それは，既存の都市基盤施設空間を複合的に活用，例えば，地下化することによって明日の都市に必要な新たな空間を生み出すことである．既存の高架道路の地下化，あるいは廃止による地上空間の解放は，次の時代の主要な課題にならなければならない．

3-2　成熟都市における高速道路の整備と更新

3-2-1　整備と更新のタイプ

　21世紀の成熟した都市地域では，高速道路の整備，とりわけ高架の道路を新たに整備するのは，環境と景観の側面からも今後はますます困難になっていくと思われる．一方で，建設後半世紀に近くなっている高速道路の更新は，21世紀の都市インフラにとって大きな課題となる．無論，多くは既設の構造形態を残しながら修復し，更新することになるが，市街地空間の更新と一体，あるいは連携を考慮した21世紀の高速道路の整備と更新は，都市空間を大きく改変する道具立てを提供することになる．このような都市空間の再整備につがる高速道路の更新は，次の3つのタイプが中心になろう．

① 高架道路の撤去と地上空間の解放：既存の高架道路を廃止，撤去して，新たに生じた空間を21世紀に相応しい都市のにぎわいや環境に資する空間へと更新するタイプの整備である．ここでは，次の3つのプロジェクトを取り上げるが，いずれも撤去の目的と背景が異なっているところに注目していただきたい．
  ・清渓川復元プロジェクト(韓国・ソウル)
  ・ハーバー・ドライブとウォーターフロント公園(米国・オレゴン州・ポートランド)
  ・ウエスト・サイド・ハイウェイと自転車道(米国・ニューヨーク)

  その他にも，高架道路を廃止して地上空間を大通り(boulevard)にするとともに，沿道を含む地区の大規模な再開発を実施しているパーク・イースト高速道路(米国・ミルウオーキー)，ロマ・プリータ地震(1989)により損傷したため取り壊し，プロムナードと公園に装いを変えたエンバカデロ高速道路(米国・サンフランシスコ)等，参考になるべき事例は数多く見られる．

② 高架道路の地下化と地上空間の活用：大量の自動車交通を処理しているきわめて重要な都市内の幹線道路であるため，廃止，撤去はできないが，都市空間の再整備の必要性，また高架構造物の更新の必要性から地下化し，地上空間を市民や来街者のための憩いの場を提供しているタイプである．ここでは，次の3つのプロジェクトを取り上げることにする．
  ・ビッグ・ディッグと地上空間の公園(米国・ボストン)
  ・国道の地下化とライン川河畔のプロムナードの復元(ドイツ・デュッセルドルフ)
  ・アラスカン・ウェイの地下化とウォーター・フロントの再整備(米国・シアトル)

  この他にも，ケルン(ドイツ)で，同じライン川河畔の国道を約600 mにわたり地下化してプロムナードにし(1982)，大聖堂や旧市街地，また船着き場との回遊性を高めている事例もある[4]．

③ 都心部を貫通する地下道路の新設と都心空間の更新：既に高密な市街地が形成されている都市では，新しい道路空間を確保することはきわめて難しい．従来のように，用地を買収したり，土地区画整理事業等の面的整備によって新たな道路空間を確保するのは，住民の合意形成の側面からも困難を増して

いる．当然のことながら，自動車交通がもたらす渋滞や環境への影響も，地上での新たな道路の整備を難しくしている．勢い，その空間を地下に求めるのは当然の成行きである．しかしながら，地下空間を使って新たな道路を整備するには，多額の費用を必要とするため，どこでも実施できるものではない．新たに地下道路を整備するにあたっては，当然のことながら集中と選択が必要となろう．

そこで大事なことは，先にも述べたとおり，単に道路交通の渋滞の緩和，あるいは道路交通の円滑化を目的とする視点に加えて，その地下道路の整備によって，地上の都市空間の更新や，同じく地上の道路空間を歩行者や自転車，また路面電車等にどこまで解放できるかである．ここでは，2つの事例を通してこの問題を考えてみたい．

・ゴータ・トンネルの整備と川沿いのプロムナード整備（スウェーデン・ヨーテボリ）
・秋田中央道路と中心市街地活性化（秋田市）

いくつかの事例を見ていくと，中心市街地を通過する地下道路は，自動車交通を平面の環状道路を整備することで交通を分散させるのではなく，ある意味，立体的にバイパスさせる機能と役割を果たす意図が読み取れる．評価は別として，自動車交通重視型の都市での一つの選択と考えられよう．オーストラリアで見られる都心通過型トンネル（シティ・クロス・トンネル，2.1 km，シドニー，2005）や，都心にアクセスする地下道路ネットワーク整備（トランス・アペックス・プロジェクト，ブリスベン）も，そのような考え方に基づく政策の推進結果と見ることができる．

3-2-2 高架道路の撤去と地上空間の開放

3-2-2-1 清渓川（チョンゲチョン）復元事業と高架道路の撤去

2005年に完成した韓国・ソウルの清渓川復元事業は，これからの大都市の環境政策のありようを実現した事例として，世界中から注目され，高い評価を受けたプロジェクトである．それだけに，既に日本でも数多く紹介され，注目度もきわめて高かったといえる．日本の都市内高速道路の整備・更新の構想づくり，あるいは都市内河川の修復・復元の構想や計画にも直接，間接的に大きな影響を与

えている[5,6]．

　なぜ，人口1,000万人を超えるソウルの都心部を東西に走る高架道路と一般道路（合計12車線）を，清渓川の復元とともに川を挟んだ各2車線（合計4車線）の道路につくり変えることができたのであろうか．できあがった都心の河川空間はもとより，その背景と成功の原因は，21世紀の成熟都市の道路整備を考えるにあたって大きな示唆を与えてくれると考え，改めて振り返ってみることにする．

a. その歴史[7,8]

① 朝鮮時代：ソウルは四方が山に囲まれている地理的特性から，必然的に都心の真ん中に水路が形成されていた．それがソウルの都心部を東西に流れる総延長10.9 kmの清渓川であった．朝鮮王朝の初代王だった太祖がソウルを首都と決め，15世紀初め，第3代の王である太宗が遷都するまでは自然の状態のままの川であった．以来600年，形は変えつつも，清渓川はソウルの歴史とともに流れてきた．

　この川は，当時から夏の雨季には雨が少し降るだけでも洪水になり，逆に春秋はほとんど水のない状態で，汚染がひどかった．そのため，朝鮮時代初期から清渓川の整備は大きな課題であった．第3代の王太宗は，1406年よりこの川の治水強化を始め，1412年には堤防を築き，川底を浚渫し，石橋をつくるなど，河川整備が行われた．この整備をきっかけに，この川は"川を掘る"という意味を表す「ゲチョン（開川）」と呼ばれるようになる（**図-3.3**）．

　この後，都城には多くの人々が住み，大量に発生する生活ゴミ等を洗い流すことが必要であったため，清渓川は下水道としての役割を果たす生活河川の性格を強くした．そのため，築堤，浚渫，架橋による河川整備は20世紀の初頭まで継続的に行われた．

　このように，清渓川は生活排水の機能を果たしながら，同時に主婦の洗濯場や子供の遊び場等に使われる庶民の生活の場でもあった．また，川に架かる橋を中心に様々な祭り事や行事が行われ，朝鮮時代末期には生活の貧しい庶民が集まって生活するなど，庶民生活の哀歓が宿る朝鮮時代の代表的な都市文化遺跡として広く認識されるようになったとされる．

② 日本による占領・統治時代：1910年から1945年まで35年間の日本による占領・統治時代，清渓川は大きな変化を見せた．まず，朝鮮王朝の500年間使われてきた「ゲチョン（開川）」は，朝鮮の河川名が整理される中で，昔の

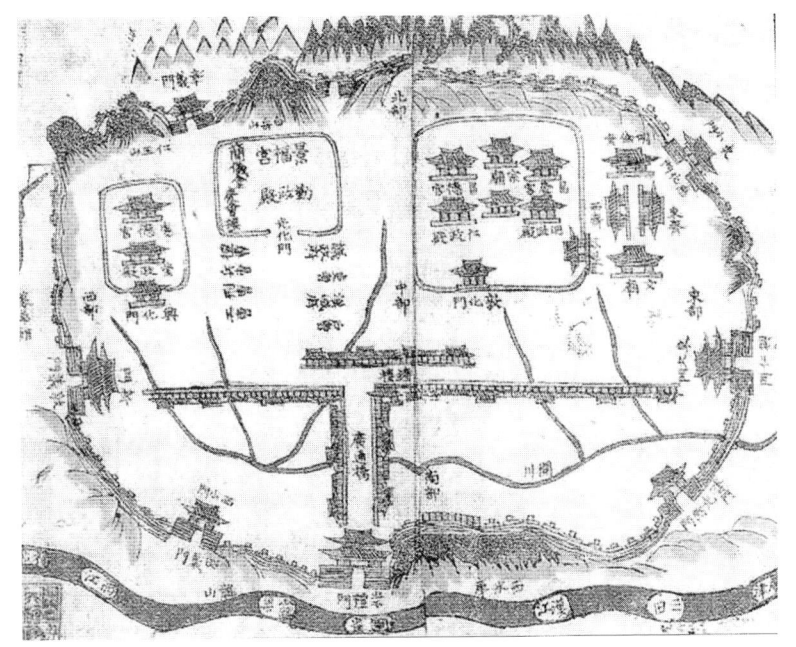

図-3.3 14世紀の朝鮮王朝宮と開川(廣通橋が架橋されている)(ソウル歴史博物館提供)

「清渓川」の名称で呼ばれるようになったことである.

一方, この時期, 地方からソウルへの流入する人々は多く, 清渓川の堤防に多くの人々が無許可住宅を建てて生活した. そのため, 堤防沿いには貧民が増加し, 河川の汚染はより深刻になり, 伝染病はもとより犯罪の温床にもなった. 日本総督府はこの事態に対応するため, 1918年より清渓川の浚渫と支流の改修を再開した. その後, 1935年には清渓川の全体を埋め立てて, 道路をつくり, その上に高架鉄道を建設する計画を発表した. その他, 1939年には川を覆った上に自動車専用道路をつくる計画, 1940年には川を埋めて上には路面電車, 下は地下鉄にする案等が出された.

実際には, 財政的な制約によりこれらは構想あるいは計画にとどまり, 実際に蓋掛けされたのは西側の一部の区間に限られた.

③ 独立以降:第2次世界大戦の後, 独立と朝鮮戦争を経る間は清渓川の整備は放置されてきたが, 1958年から本格的に蓋をする工事が開始され, 約20年かけて延長約6kmの清渓川道路が完成した(**写真-3.1**). それと並行して,

蓋がけ道路上に清渓川高架道路が1967年から1976年にかけて建設された(**写真-3.2**).この高架道路は,南山1号トンネルから馬場洞に至る延長約5.8km,往復4車線の自動車専用道路として建設された(**図-3.4**).

写真-3.1 清渓川の蓋かけ工事(ソウル歴史博物館提供)

写真-3.2 清渓川の高架道路の工事(ソウル歴史博物館提供)

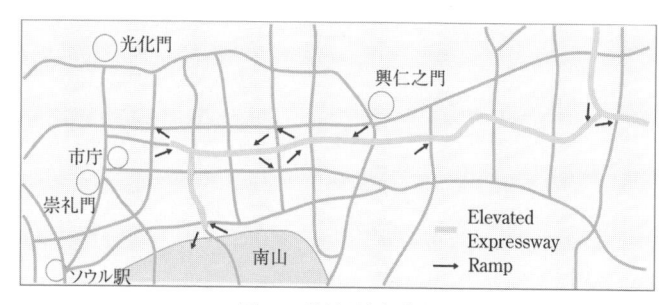

図-3.4 清渓川高架道路

清渓川復元プロジェクトが開始される前の2002年には,1日平均で蓋がけ道路に6万6,000台,高架道路に10万3,000台,合計16万9,000台にも及ぶ自動車が利用していた(**写真-3.3**).清渓川沿道地域は東西に延びており,西側から主としてオフィスビル地区,工具・電気等の卸売り・小売り地区,衣料品・ファッション地区,靴・雑貨販売等地区等が連なり,ソウル都心地区の中でも最も人々が集まり活気のある沿道地域を形成していた(**写真-3.4**).

b. 清渓川復元事業

① 事業の概要[9]:この事業は,清渓川に蓋がけされた道路とその上の高架道路を撤去し,朝鮮王朝以来500年続いた川を現代の姿として復元した事業であり,その概要は次のとおりである.

3-2 成熟都市における高速道路の整備と更新

写真-3.3 完成した清渓川路（ソウル市提供）

写真-3.4 清渓川沿道の商店と歩道上の露店（ソウル市提供）

- 事業の対象区間
  - 清渓川の太平路から新沓鉄路に至る約 5.8 km の区間およびその沿線地域（**図-3.5**）
- 事業の内容
  - 道路の撤去（蓋がけ道路および高架道路，それぞれ約 5.4 km）

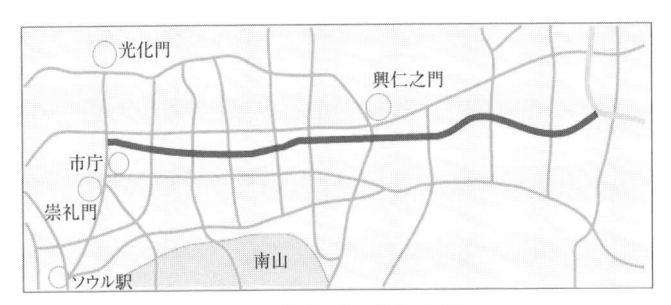

図-3.5 清渓川復元事業の区間

- 河川の復元（水路と川底の造成，約 5.7 km）
 （図-3.6）
- 用水の供給（漢江からの用水路の整備約 10.9 km，および水 12 万トン / 日の供給）
- 橋梁の復元と新設（広橋の復元や既設交差点を含め 22 橋の架設）
- 造景・景観整備等
・事業期間
 ・2003 年 7 月 1 日から 2005 年 9 月 30 日の 2 年 3 ヶ月
・事業費
 ・約 3,870 億 won（当時の日本円で約 500 億円）

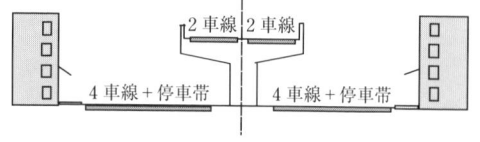

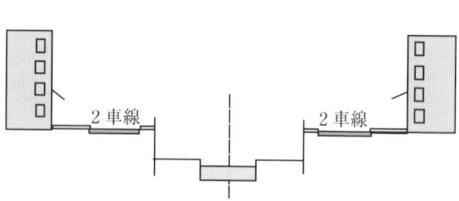

図-3.6　復元事業による清渓川路断面の変化

② 事業の背景とねらい：どうしてこのような事業に取り組むことになったのであろうか．ソウル市内を東西に流れる漢江を挟み，南側の漢南地域の成長，発展が著しいのに対し，朝鮮時代からの首都の中心であった漢北地域は，近年，相対的地位が時代とともに低下しているのを挙げることができる．加えて，世界の都市間で国際的競合が厳しくなる中で，ソウルが埋没するのではという危機感がこの事業の背中を押したとも言われている．ソウル市の資料によれば，事業のねらいは，妥当性という言葉を使って次のような内容を挙げている[7]．

　持続的な都市パラダイムへの変化
　生態環境の回復
　清渓高架と覆蓋の危険要因予防
　歴史的文化空間の回復
　自然環境復元と生活の質の向上
　歴史文化の復元
　経済活性化
　その他

c. いかに課題を克服したか　この都心部の大事業が何の障害もなく進んだわけではない．2003年7月1日，多くの反対の中，高架道路の撤去を皮切りにこの事業はスタートした．同じ日，ソウル市長選で勝利した李明博市長(後に韓国大統領)は，清渓川復元事業を選挙公約に掲げていた．市長選の翌日には清渓川復元推進本部長に就任して陣頭指揮をとり，この市長のもとで，事業は普通では考えられない早さで進められ，2年3ヶ月という短い期間で完成した．

　事業推進にあたり，多くの困難を乗り越えなければならなかったが，中でも大きな課題は交通問題と沿線商業者への対応であったと考えられる[10]．

① 交通対策：ソウルは，公共交通体系の充実により交通渋滞を防止できると事業開始に踏み切ったが，学会，中央政府，経済団体等は事業開始に反対の立場であった．それでも，ソウル市は乗用車利用の自粛や公共交通の利用を継続的に訴えるとともに，都心へ流入する自動車を分散誘導し，交通案内を強化した．その結果，心配された交通混雑はそれほど大きくはなかった[11,12]．

　ソウル市の調査によれば，事業開始前後の都心部への自動車流入台数は2.2%の減少(**図-3.7**)，都心部での地下鉄利用者数は4.9%の増加(**表-3.1**)，加えて，利用交通手段の変化はバスの減少が見られたが(**図-3.8**)，いずれも，

10地点合計交通量の変化

閉鎖前：4万9,846台

閉鎖後：4万8,754台

変化率：−2.19%

閉鎖前：2003年6月25日(水)，6月27日(金)
閉鎖後：2003年7月2日(水)，7月4日(金)
朝ピーク2時間(7:00 - 9:00)

調査地点10箇所

図-3.7　都心部への流入交通量(自動車)の変化

表-3.1　地下鉄利用者数の変化(都心地区)(閉鎖前後の各平日1週間，ソウル市調査)

期　間	地下鉄利用者数
閉鎖前1週間(6月23日〜27日)	758万9,546人
閉鎖後1週間(7月7日〜11日)	796万1,396人
変化率	4.90%

それほど大きな変化は見られなかった．

　ソウル市は，李明博市長就任100日目に「ビジョンソウル2006」を発表し，20の重点課題に清渓川復元事業とともにバス交通体系の再編を挙げ（図-3.9），2004年7月より既存バス路線の大幅な改変をはじめとして，中央バス専用車線の導入，運行管理の高度化，交通カード（T-Money）の導入等を進めた．その結果，バスの利用者は対前年比10％を超える増加となり，バスに連携した地下鉄は6.0％の増加．特に都心部では14％近い増加が見られている[11]．

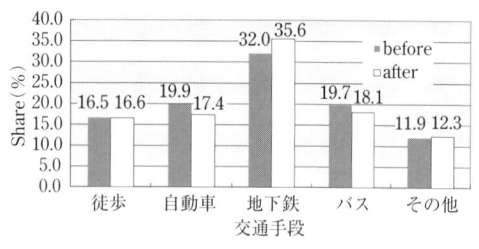

図-3.8　利用交通手段の変化（ソウル市調査）
（調査対象：沿道地域従業者1,000人，同居住者500人）

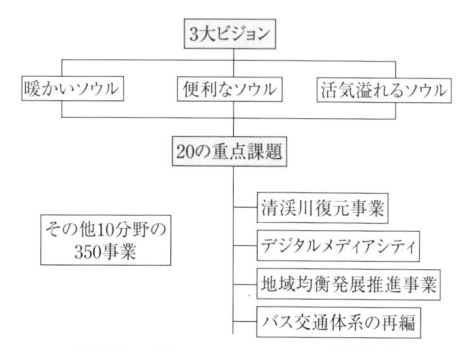

図-3.9　ビジョンソウル2006の課題体系

② 沿線商業者に対する対策：清渓川路の両側には全国的な流通網を備えた大規模な卸売りと小売りの商店街が形成されている．6万店ほどある店舗に，関連事業者だけで20万人を超える巨大な商店街で，ソウル経済の活力と都心の競争力を高める革新的な役割を果たしている．復元事業の範囲が道路の範囲であるため，道路上の露店は営業上影響を受けるにもかかわらず，補償の対象にはならず，対策として取り得る対策は限られていた．そのため，着工までに4,000回を超える会合を通じて商業者からの様々な意見を聞いた．具体的には，東大門運動場に駐車場を設け，商店街との間に無料シャトルバスを走らせたり，経営資金を低金利で融資するなどの対策が行われた．

　一方，歩道等の露店は商売の場を失うことになったが，そもそも道路上での不法な商売であることから対応は難しく，復元事業への反対も強かった．結果としては，東大門運動場に露天商のためのスペースを用意するなどの対

応をとり，事業推進の妨げを克服した．

d. なぜ復元事業が可能になったか 復元された清渓川のいくつかの様子は写真-3.5 ～ 3.7 に示すとおりである．高架道路と蓋かけ道路を合わせて 12 車線の清渓川路に 1 日 16 万台を超える都心の大幹線道路を廃止し，各方向 2 車線の沿道サービス道路に縮小するのはきわめて困難で，普通では考えにくい．この事業の成功要因として，これまで次のような要因が述べられてきた．

写真-3.5　復元された清渓川 – 1

写真-3.6　復元された清渓川 – 2

- 李明博市長のリーダーシップ
- 延世大学ノ・スホン教授をリーダーとする復元への市民運動
- 事業の推進に関わる丁寧かつ適切なコンフリクト・マネジメント
- 先述の事業のねらいに対する市民の共感
- 高架道路が都心地区へのサービスランプの性格が強かったこと

写真-3.7　過去を記憶にとどめるために残された橋脚

それらに加え，清渓川復元事業の資料には，事業のねらいとして「民族の誇りを取り戻す」，また「600 年古都のソウルのアイデンティティを確保する」の言葉が現れる．先述のとおり，洪水と乾燥を繰り返し，生活排水の下水道的な機能を持ち，衛生面，また環境面で大きな問題を抱えてきた清渓川であるが，同時に，ソウル市民に深く刻まれた「心のふるさと」であるのをうかがい知ることができる．

それこそが，この事業を成功させた最大の要因であると思えてならない．

3-2-2-2　環状高速道路網の完成により撤去されたハーバー・ドライブ（Harbor Drive, Portland, USA）

ハーバー・ドライブは，米国ポートランド市の中心市街地の東部を南北に流れるウィルメット（Willamette）川の西岸に沿ったUS Route 99Wの一部を構成する延長約3マイルの高速道路であり，1950年に供用されている．しかしながら，この高速道路の高架区間は1972年に取り壊され，1974年に公園につくり変えられたことで，ポートランドは，米国の中で高速道路を撤去した初めての都市になった．

1950年時点では，道路構造基準は粗いものであったが，出入り制限の道路（controlled access highway）が建設され，その一部がハーバー・ドライブと呼ばれた．US Route 99Wは，ポートランドで完成した最初の高速道路であり，その後10年以上にわたって南北方向の唯一の高速道路であった（図-3.10）．交通量は

図-3.10　1950年代のハーバー・ドライブ

それほど多くなく，2万5,000台／日の自動車が利用していた[15]．

ハーバー・ドライブの1ブロック西には，当時，地区道路であったFront Avenueがあり，その1ブロック西は1st Avenueがあった．ハーバー・ドライブとFront Avenueの間は多くの工場や商業ビルが立地していたため，ハーバー・ドライブは都心につながる橋(Hawthorne Bridge, Morrison Bridge)に一連のインターチェンジを経由して接続していた(**写真-3.8**)．

写真-3.8 取り壊される前のウィルメット川の川岸(City Photographer Photo-graphs, 1974 Series Number：5411-01 より)

その後，ウィラメット川の左岸を通る州際道路I-5が整備され，1966年にはカリフォルニア州からワシントン州の州境まで連続した高速道路となる．その結果，ハーバー・ドライブは長距離の通過交通路として用のないものになった(**図-3.11**)．

そこで，当時の州知事Tom McCallは，1968年，ハーバー・ドライブをパブリックな場所に置き換える選択を検討する特別委員会をつくった．その結果，ハーバー・ドライブを閉鎖して公園にする提案がなされた．この提案は，1973年にInterstate 405が完成し，結果として2つめの州際道路がポートランドの市街地を通過することで実現性が高いものとなった．加えて，当時のポートランドでは，その他にも高速道路建設の提案に対する反対が湧き起こっていたことも，この決定の後押しをしたと考えられる．

1974年，ハーバー・ドライブは閉鎖され，新しいウオーター・フロント公園の建設が始められた．延長約1.5マイルのこの公園は1978年に完成し(**図-3.12**)，1984年には当時の知事の名前をとってTom McCall Waterfront Parkと名づけられ，現在に至っている(**写真-3.9，3.10**)．また，ハーバー・ドライブとFront Avenueの間にあった建物は取り壊され，Front Avenueは広幅員街路(boulevard)となり，地域の実業家であり慈善家であったSan Naito氏にちなみNaito Parkway

図-3.11 州際道路(IS-5)の完成

写真-3.9 Tom MaCall Waterfront Park (Steel Bridgeから下流を見る)

写真-3.10 Tom MaCall Waterfront Park (Morrison Bridgeから上流を見る)

と改名された.

　ハーバー・ドライブの閉鎖は,都市計画においてきわめて注目すべき出来事と広く考えられている.それは,高速道路が取り壊されたか,その後つくり替えら

図-3.12　高速道路網の完成で公園になったハーバードライブ

れていないことによる．これは，その後の2つの高速道路の取消し(I-505および Mt.Hood Freeway) も加わって，歩行者とトランジットに優しい都市デザインのモデルとしてポートランドの評判を確たるものにした．I-5のさらに東側に位置する州際道路 I-205 は，ポートランド都市圏の環状線を構成するが，1980年代半ばに完成して以来，ポートランドでは若干の修正を除き，それ以来，新しい高速道路は街の中につくられていない．

3-2-2-3　損傷から撤去に転じたウエスト・サイド・ハイウェイ[16] （West Side Highway, New York, USA）

ニューヨークのマンハッタンの地図を見ると，なぜかハドソン川沿いに高速道路がない区間(W 57th －南端)がある(図-3.13)．この区間は，かつてウエスト・サイド・ハイウェイ(注：正式には 72nd St. からブルックリン・バッテリー・トンネル入口までの 4.7 マイル)だった所で，1920年代に米国で建設された最初の

高架道路のルートで，現在のウエスト・ストリートである．

a. 建設から撤去へ　ウエスト・サイド・ハイウェイは，ニューヨークのマスタービルダーと言われたロバート・モーゼス（Robert Moses）により建設された高速道路システムの一部である．このウエスト・サイド・ハイウェイは6車線で，1929〜36年の間にその大半が建設され，72nd St. で同じくロバート・モーゼスによる Henry Hudson Parkway に接続された．1938年の初め，道路は南に向かって Battery 地区まで延伸されたが，第2次世界大戦によって建設は中断され，最終的に1950年に新 Brooklyn Battery Tunnel と接続された（**写真-3.11**）．

世界で最初の高架道路であったが故に，確たる設計基準はなく，急激な曲線や狭い車線や出入り口のため，設計は安全とは言えなかった．加えて，融雪のための塩や鳩のフンにより高架構造物が腐食したため補修が必要となり，1969年には一時閉鎖されたこともあった．その後，1973年，皮肉なことであるが，この道路の補修のためのコンクリート・ミキサー車の重みで一部崩落し，ウエスト・サイド・ハイウェイは閉鎖された．

図-3.13　マンハッタンの高速道路網

写真-3.11　ウエスト・サイド・ハイウェイの絵はがき（出典：Removing Freeway–Restoring Cities, Preservation Institute）

ウエスト・サイド・ハイウェイの修理には8,800万ドルの費用がかかることが判明したため，ニューヨーク市は修復をしないことにした．高架構造物の取壊しは1977年に始まり，1989年までかかった．その間，放置された道路はジョギングや自転車のための人気の場所となり，コンサート等も開催されたという．

　この高速道路が閉鎖される以前から，ウエスト・サイド・ハイウェイの機能を補強するため，ハドソン川の川岸を埋め立てて新しい高速道路を建設する提案がなされていた．この提案は，ウエスト・サイド・ハイウェイが崩壊した後，ウォーター・フロントの都市開発と一体となってウエストウェイ (Westway) と名づけられ，政治的な支援を受けることになる．

b. ウエストウェイ建設の断念　　ウエストウェイは，より多くの交通を発生させ，お金の無駄遣いであり，環境問題を発生させるなどの理由から，コミュニティ・ボード，環境グループ，地域の政治家および市民による反対運動が広がっていった．一方，当時の市長，知事，および大統領はウエストウェイを支持し，1981年にはハドソン川で必要となる浚渫の許可をエンジニアリング会社に与えた．時を同じくして，当時のレーガン大統領より連邦予算の支出も表明された．

　1981年，ハドソン川の浚渫の許可が出された後，反対グループは訴訟を起こした．1982年，地区裁判所の判事は，エンジニアリング会社が埋立てによるハドソン川のシマスズキへの影響を考慮しなかったという根拠のもとに，プロジェクトの工事を差し止めた．3余年後，会社は浚渫と埋立てはこのシマスズキを1/3以上は殺さないことを示す報告書を作成した．しかし，判事はこの調査が不適切であるとし，引き続き建設の開始を拒否した．ニューヨーク州知事はこの決定を覆させると誓ったが，1985年，ニューヨーク市はウエストウェイを断念することを決定した．

　なぜ，ニューヨーク市はウエストウェイを断念したのであろうか．1973年にウエスト・サイド・ハイウェイが閉鎖される前，14万台/日の自動車が利用していたことから，誰もが交通渋滞を避けるためにこの高速道路の更新が必要であると確信していた．しかし，閉鎖後，それまでこの高速道路を利用していた交通の50％以上が減少するという信じられない現象が生じた．1985年になって，ニューヨーク市は，この高速道路なしに12年間過ごしたことを改めて実感した．ウエストウェイの建設，さらにはマンハッタンの新しい高速道路の誕生は，新たに多くの自動車交通を発生させることを意味し，環境や景観からも好ましいもの

ではなくなったとの認識が，ウエストウェイの建設を断念した大きな要因と考えられよう．

c. ハドソン川沿いの公園の誕生　ウエストウェイ建設のためにそれまで予算措置された17億ドルの連邦道路基金のうち，市は約60％を公共交通機関の改善に回し，残りの40％は，市と州の基金1.2億ドルを加えてウエスト・サイド・ハイウェイ置換えプロジェクト（West Side Highway Replacement Project）に振り向けられた．このプロジェクトは，既存道路の適度の改善と川沿いの公園をつくることのみができるよう，8.1億ドルを上限にしたものであった．

1986年9月，市はこの置換えプロジェクトを開始させた．いくつかの代替案が検討されたが，いずれも既設の道路の改善とハドソン川沿いの公園を加えるものであった．1993年，ニューヨーク市は3.8億ドルという安価な事業費の最終案を選択し，プロジェクトは2001年に完成した．ウエスト・サイド・ハイウェイが崩壊し，永久に閉鎖させてから，実に28年後のことであった．

このプロジェクトは，高架のウエスト・サイド・ハイウェイの下にあった既存の街路ウエスト・ストリートを単純に改善（整備）したもので，川沿いに19フィートの幅の修景を施した分離帯，自転車道，および修景された公園が加えられ，装飾的な街路灯や御影石を使った舗装等，この街路や公園を利用するコミュニティを強調した都市デザイン要素が取り入れられている（**写真-3.12**）．

写真-3.12　歩行者・自転車道と公園が整備されたウエスト・ストリート

3-2-3　高架道路の地下化と地上空間の活用

3-2-3-1　ビッグ・ディッグと地上の公園
　　　　（Central Artery／Tunnel Project, Boston, USA）

米国・ボストンの都心地域を南北に横切る高架の州際道路93号線（Central Artery）の地下化とオープンスペースを中心とした地上空間の更新は，通称ビッ

グ・ディッグ(Big Dig)と呼ばれる米国の歴史の中で最も大規模な都市高速道路プロジェクトの主要な部分を構成し，米国内はもとより，世界的にも注目が注がれてきた．このビッグ・ディッグは，規模の大きさばかりでなく，複雑で，技術的にも高度な道路プロジェクトと言われている．日本でも，このプロジェクトは，紹介ばかりでなく，研究対象としても数多く取り上げられている．米国でもこれまでにない巨額な費用をかけた都市内道路プロジェクトであるため，他の多くの都市での適用は考えにくいが，高架道路の地下化により解放された地上空間の利用は，これからの成熟都市における都市空間更新のありようを示唆する事例として取り上げてみたい[17〜33]．

a. 歴史を振り返る　米国の州際道路93号線(I-93)の一部を構成するCentral Arteryは，ボストンの中心市街地を南北に横断する高架の自動車専用道路道路であった．建設された当初から都心地区とウォーター・フロント地区や旧市街地の一部(North End地区)を分断していた(**写真-3.13**)．この高速道路は1950年代の後半に建設されたが，当時，米国ではモータリゼーションの急進に対応すべく，高速道路網の整備が急がれていた．Central Arteryの建設にあたっては，ノース・エンド地域のイタリア系移民と南部にあるチャイナタウンのアジア系住民を中心に，2万人以上の市民に立退きをさせて建設が進められた．高速道路の建設により，とりわけノース・エンド地域が都心地域と分断されてしまったことから，供用当初より既に地下化の要望が出されていた道路でもある(**写真-3.14**)．

通称ビッグ・ディッグの名前で呼ばれるCentral Artery／Tunnel(CT/T)プロジェクトは，それから約30年間という長い歴史と様々な経緯を経て，1990年代に入りようやく本格的に始動した．

写真-3.13 市街地を分断するCentral Artery高架道路

写真-3.14 都心側からノース・エンド地域を見る

b. プロジェクトの概要

ビッグ・ディッグのプロジェクト範囲は，図-3.14に示すとおりである．約2マイルにわたるCentral Artery（I-93）の地下高速道路化，ボストン港の下を通過しローガン空港と接続する新しい第3トンネル（テッド・ウィリアムス・トンネル）の建設，チャールズ川を横断する橋梁（レオポルドP. ザキム バンカー・ヒル橋）等で構成されている．取り壊されたCentral Arteryの高架道路は6車線であったが，新しい地下の高速道路は8～10車線で整備され，その他に，地上は各方向に片側2車線＋停車帯のローカル・サービス道路が整備されている．整備された道路の全体を合計すると，CT/Tプロジェクトは7.5マイルの区間に161車線・マイルを建設し，その中に4つの主要なインターチェンジを含んでおり，全体の半分がトンネルである．高架道路の時代には27のオン／オフランプがあったが，新しい地下道路では14に統合されている．

1959年に供用が開始された高架道路のCentral Arteryは，当初，1日7万5,000台の交通量を見込んでいた．しかしながら，ビッグ・ディッグのプロジェクトが

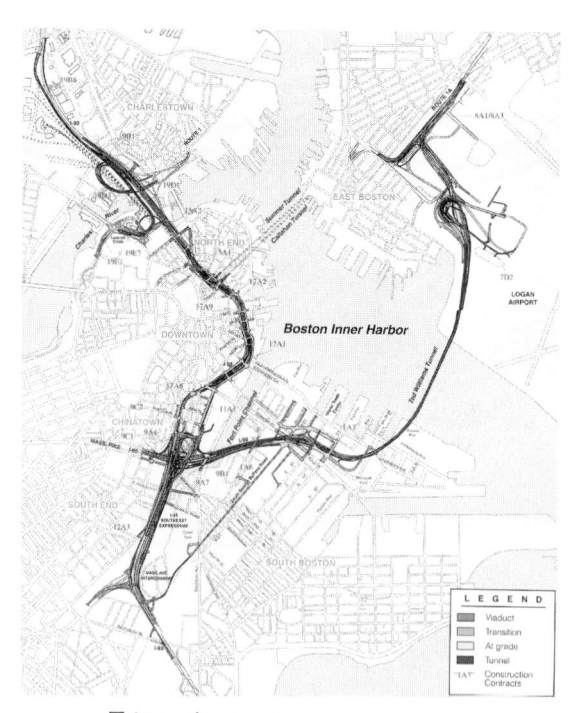

図-3.14 ビッグ・ディッグのプロジェクト図

開始される1990年代に入ると，1日19万台までに交通量は増加し，1日平均6〜8時間は渋滞している状況であった．このプロジェクトによって，新しいCentral Arteryは25万台/日の容量を持つことになった[23]．事業費は，連邦議会が事業計画を承認した時点で25億ドルと見積もられていたが，事業開始の1991年には58億ドルになり，事業完了の2007年末には146億ドルに膨れ上がった[25]．

c. 地上空間の利用とローズF. ケネディ グリーンウェイ(The Rose F. Kennedy Greenway)

ビッグ・ディッグ・プロジェクトは，300エーカー(122 ha)を超える新しい公園とオープンスペースを生み出した．その中には，都心地区での27エーカー(11 ha)の高架道路の跡地，プロジェクトの残土によって整備された105エーカー(43 ha)のボストン港にあるスペクタクル島の公園，70エーカー(28 ha)のチャールズ川沿いの土地，7エーカー(3 ha)の東ボストンのメモリアル・スタジアム公園の拡張，等がある．都市計画の側面からは，何よりも，Central Arteryの高架道路が撤去されて地下に移された後，都心地区に生じた27エーカー(約11 ha)の地上空間に関する利用に注目したい．

この27エーカーの地上空間のうち，4分の3はオープンスペースとして残し，残りの4分の1は卸売，商業を含む都市施設の開発と低層住宅のために残されている(図-3.15)．また，この地上空間へアクセスする都心の街路は，ボストン市によって歩道の整備，修復と，新たな街路樹や街路灯の設置がなされている．

ボストンのコミュニティと政治的リーダーたちは，歴史があり，活力に溢れた様々なコミュニティに公園を提供することは，人々の都市生活に活気を与える機会になると考えた．マサ

図-3.15 地上の街区別土地利用図

チュセッツ・ターンパイク・オーソリティ，マサチュセッツ議会，ボストン市，そして様々な市民グループの協力のもと，2008年10月，この地上空間はローズ F. ケネディ グリーンウェイ公園として供用を開始し，21世紀の都市の活力とダイナミズムとともに自然の美しさと景観の優雅さを調和させる機会を提供している（**写真-3.15**）．ち

写真-3.15　埠頭地区の公園を北方向に見る

なみに，高架道路の撤去前後の風景を例示的に比較すれば，**写真-3.16 ～ 3.19** に示すとおりである．

　ジョン F. ケネディの母親の名前をとったローズ F. ケネディ グリーンウェイは，

写真-3.16　North End から見た撤去前の Central Artery 高架道路（1996）

写真-3.17　North End から見た撤去後の Central Artery 地下道路と地上の公園（2008）

写真-3.18　撤去前の Central Artery 高架道路（ボストンハーバーホテル付近，1996）

写真-3.19　撤去後のボストンハーバーホテル付近（2008）

ボストンの最も新しい線状の都市公園である．景観に配慮した庭園，プロムナード，広場，噴水，アート，特別な照明システム等が，住宅地区，金融街，港湾地区をつないで1マイル以上伸びている（**図-3.16**）．面積15エーカー(6.1 ha)，延長1.5マイル(2.4 km)のグリーンウェイはマサチューセッツ州が保有しているが，2009年2月より，その管理はNPO団体であるローズ F. ケネディ グリーンウェイ自然保護団体に委託されている．

地下化された高速道路はもとよりであるが，これによって生じた地上空間が，ボストンの都心地区およびウォーター・フロント地区の再生の切り札として今後ともどのような展開を見せるか注意深く見守りたい．

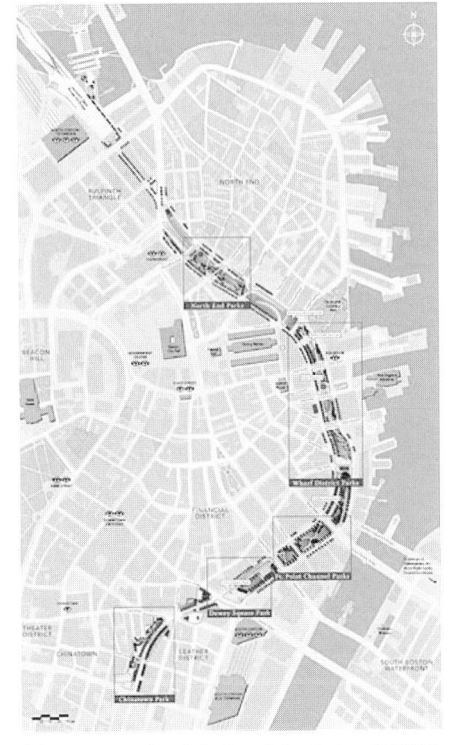

図-3.16　ローズ F. ケネディ・グリーンウェイ配置図

3-2-3-2　ライン川河岸道路の地下化と地上空間の再生：デュッセルドルフ

このプロジェクトは，ドイツのデュッセルドルフにおいて，ライン川河岸を通過する連邦道路(B1)を約2 km地下化し，周辺を含め地上の約28 haの土地を昔の公園やプロムナードとほぼ同じに整備し，歴史的な旧市街地を再生したプロジェクトである（**図-3.17**）．ドイツのみならず，ヨーロッパで最も成功したウォーター・フロント再生プロジェクトと言われている[34〜36]．

1902年，デュッセルドルフでは治水予算でライン川沿いに新しい道路と工業地域の開発が行われた．この道路は，当初，数少ない車所有の市民だけを喜ばせ，これまでの遊歩道が馬車用の道として使われるようになったため，当時の市民の

反感をよんだ(**写真-3.20**).
そして，ライン川沿いのプロムナードは，馬車のための道路から連邦の幹線道路となり，1987年には，1日平均約5万台の自動車が通行していた(**写真-3.21**).1960年代から1970年代のモータリゼーションの波は，道路の拡張だけでは都市の自動車交通の問題解決につながらないと考えられた．

そのような背景のもと，この地下化のパイロットプロジェクトの計画は，1987年から約2年半をかけて計画が策定され，引き続き事業が実施された．1995年にかつてのプロムナードが再現し，市民の憩いの場所になっている(**写真-3.22**，**3.23**)．総事業費は5億7,000万ドイツマル

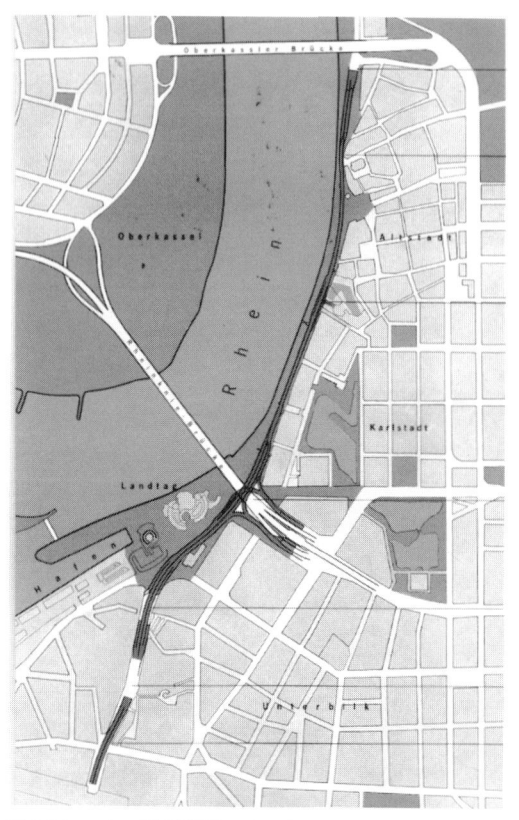

図-3.17 ライン川河岸道路の地下化プロジェクト(デュッセルドルフ)

写真-3.20 ライン川河岸道路(1902)

写真-3.21 ライン川河岸道路(1989)

写真-3.22 整備後のプロムナード

写真-3.23 整備後の河岸広場

クであった.

プロジェクトの特徴は,自動車交通のための道路空間の拡張ではなく,既存の平面および高架道路を地下化することによって,純粋に地上空間を公園やプロムナードとして開放したことにある.新しくできた地下道路の中間には,直結された約950台の地下駐車場が整備されている.また,ライン川岸の旧工業港の地区(図-3.16中の南に位置する橋の南側地区)に建てられたラインタワー(234 m,1982)と州議会場(1988)は,高架道路で都心地区と分断されていたが,このプロジェクトによって高速道路は取り壊され解決されることになった(写真-3.24).その後,「メディエン・ハーフェン」と呼ばれるウォーター・フロントの整備事業等と一体になって,デュッセルドルフのライン川沿いの地域に活力を与えている.

このようにして,既存道路の地下化は歴史的なライン川沿いの地域を見事に再生させた事例として注目に値する.

写真-3.24 爆破により取り壊された高架道路

3-2-3-3 アラスカン・ウェイ高架道路の地下化とウォーター・フロント地区の再整備(Alaskan Way Viaduct, Seattle, WA, USA)

アラスカン・ウェイは,シアトルのエリオット湾に沿って南北に走る州道路99号線である.この道路は,元を辿れば,1931年に平面で供用を開始している.

時をほぼ同じくして，1936年にエリオット湾の岸壁が完成している．1954年，この道路のエリオット湾沿いの約3.6マイルが高架道路として完成した（図-3.18）．当初から，2層の高架道路はウォーター・フロント地区の景観にとって好ましくないと指摘され続けてきたが，2000年には1日11万台の自動車交通が利用し，シアトル市の南北をつなぐ大幹線道路として機能してきた(写真-3.25).

図-3.18 アラスカン・ウェイの路線図

2001年1月，潮風や不十分な構造基準によってそれまでに傷んだ高架構造を修復する調査をスタートさせた．しかしながら，その直後の2月にニスカリー地震（Nisqually Earthquake，M6.8）に見舞われ，高架構造物は大きな損傷を被った．この地震で被害を被ったのは，アラスカン・ウェイの高架構造物だけでなく，エリオット湾沿いの岸壁も大きな被害を受けた（図-3.19）．そこで，この両者を一体的に建て替えるプロジェクト（SR99；Alaskan Way Viaduct & Seawall Replacement Project）が始まった．10年近くの時間をかけ，地下案，高架案を基本とする90を超

写真-3.25 既存の高架道路のアラスカン・ウェイ

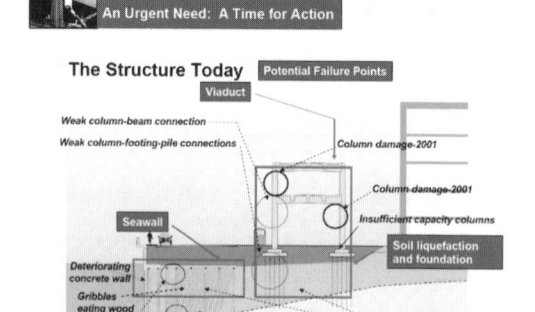

図-3.19 地震等で損傷の高架道路と岸壁

える代替案が検討された結果，現在の高架道路を撤去し，既設のルートから外れて地上とのアクセスのない延長約2マイルのトンネル案(bored tunnel)で建替えすることが2011年に決まった．

このプロジェクトは，ワシントン州道路局，キング郡，シアトル市がそれぞれの役割を担っているが，主なプロジェクトは，次のとおりである(**図-3.20**)．

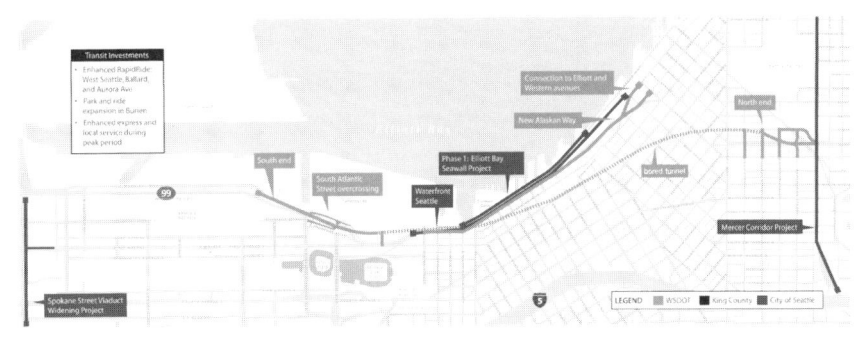

図-3.20 プロジェクトの内容

・シアトルの都心部を通過する州道路(SR99)の約2マイルの新しいトンネルの建設
・シアトル・スタジアムに近い約1マイルのトンネルへのアクセスする陸橋
・地表の新しいアラスカン・ウェイ道路の整備
・エリオット湾の岸壁のつくり替え
・路面電車を含み，ウォーター・フロントの再整備

道路に関連する事業費は約31億ドルが見込まれており，2015年にはトンネルが完成する予定であるが，トンネルは有料にする方向で検討が進められている．最終的には2020年にはウォーター・フロントの再整備も終了し，新しい時代を迎えるであろう[37,38]．

このプロジェクトの発端はサンフランシスコのエンバカデロと同様であるが，その幹線道路としての重要性から，ボストンのビッグ・ディッグに多くを学んでいると見受けられる．市民の合

写真-3.26 トンネル化(bored tunnel)した後の想定される風景[38]

意と連邦道路局からの補助金の確保に多くの時間を費やしたが，これまでも多くの人々を引きつけてきたシアトルの魅力に富むウォーター・フロント地区が，高架道路の撤去と新たな地上空間の創出と再整備により，さらに賑わいを見せる地区に変わることを期待したい(写真-3.26)．

3-2-4　都心部を貫通する地下道路の新設と都心空間の更新

3-2-4-1　都心の地下を通り抜け，川岸の空間を開放したゴータ・トンネル（Göta Tunnel，ヨーテボリ＜Göteborg＞，スウェーデン）

　スウェーデン第2の都市ヨーテボリで実施されたゴータ・トレイル・プロジェクトは，スウェーデンで最大の都市環境プロジェクトといわれている．このプロジェクトの中心は，ヨーテボリが要塞都市としてスタートした17世紀からの歴史ある都心地区を，地下道路として通り抜けるゴータ・トンネルを整備したものである．この都心地区はゴータ川の南岸に接し，水運の拠点でもあった．近年は，このゴータ川に沿って通る幹線道路は1日6万5,000台の自動車が通行し，オペラハウスをはじめとして，人々の川岸へのアクセスする大きな障害となっていた．2004年時点でのプロジェクト地区は，図-3.21，写真-3.27に示すとおりである．

　このプロジェクトは，全体で3.3 kmの延長であるが，そのうち約半分の1.6 kmがゴータ・トンネルで，歴史的都心地区を通過している(写真-3.28)．プロジェクトは2000年に始まり，2006年6月，このトンネルが供用を開始している．全事業費は32億クローナ(約540億円＜2006年換算＞)であった[39, 40]．

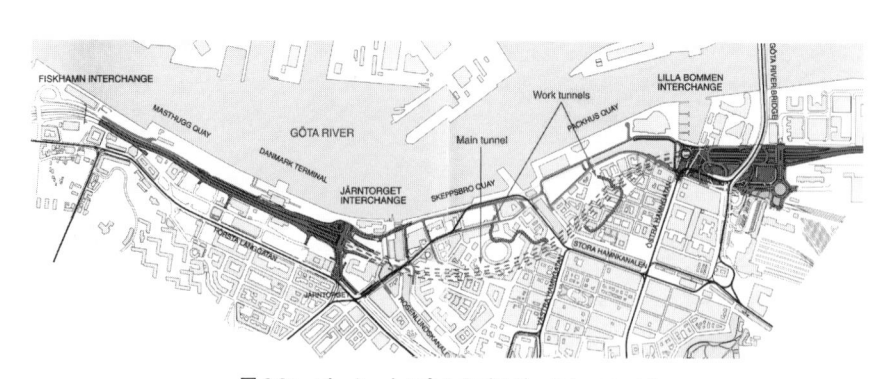

図-3.21　ゴータ・トンネルのプロジェクト・マップ

写真-3.27 航空写真で見るゴータ・トンネルのルート（ヨーテボリ市提供）

写真-3.28 トンネル化後のゴータ川沿いの道路イメージ（ヨーテボリ市提供）

　このプロジェクトの特徴の第1は，トンネルが都心地区の建物の下を通っていることである．これは，都心地区が岩盤の上につくられていることによるが，スウェーデンでは岩盤工学の技術が進んでいることもあり，地上の建物を損なうことなく通過させることを可能としている．第2の特徴は，この地下道路の整備によって，ゴータ川の南岸のウォーター・フロントを人々にとって身近なものとし，歩行者や自転車，さらにはLRTのための空間につくり変えることを可能にしていることにある（**写真-3.28**）．事実，ヨーテボリ市はそのための施策を進めつつある．

3-2-4-2　都心地区を地下で通過する秋田中央トンネル（秋田市）

　秋田中央道路は，国道7号臨海十字路を起点とし，秋田自動車道・秋田中央ICを終点とする延長約8kmの地域高規格道路である．そのうち，秋田市の都心地区を通過してJR秋田駅を挟む約2.55kmがトンネル区間となっており，2007年に供用を開始した（**図-3.22**）．総事業費は686億円であった[41]．

　都心地区を地下で通過するこの道路は，日本では画期的であったといえる．その整備にあたり，下の3つが整備目的として挙げられている．

① 秋田市中心部と秋田自動車道および秋田空港とのアクセス機能の向上
② 秋田駅東西間の交通渋滞の緩和
③ 中心市街地の活性化を支援

　この中で，広域的な交通機能への対処とJR秋田駅東西間の自動車交通の渋滞への対応という点では，当初の整備目的を十分果たしていると考えられる．しか

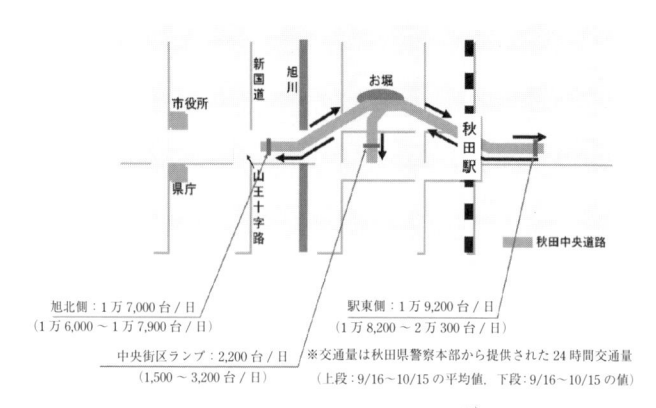

旭北側：1万7,000台/日
(1万6,000～1万7,900台/日)

駅東側：1万9,200台/日
(1万8,200～2万300台/日)

中央街区ランプ：2,200台/日
(1,500～3,200台/日)

※交通量は秋田県警察本部から提供された24時間交通量
(上段：9/16～10/15の平均値，下段：9/16～10/15の値)

図-3.22 秋田中央道路の地下区間 [41]

しながら，第3番目の整備目的である中心市街地の活性化への支援の観点からは，都心部の新たな地下道路の整備ではあったが，それによって地上の道路空間を自動車から解放しようとする発想には必ずしも至っていない．このプロジェクトの主要なねらいが，都心地区のバイパス機能を，平面的に地上の環状線を整備することで確保するのではなく，立体的に地下道路をバイパスさせていることも関係する．事業費および市民の合意形成の側面からは，どちらが好ましいか定かではないが，都心地区での再開発事業等と連携をとりつつ，都心地区の空間更新に寄与していくことが期待される．

参考文献

1) DETR：A New Deal for Transport:Better for Everyone-The Government's White Paper on the Future of Transport，1998
2) 国土交通省：平成21年度国土交通白書
3) 国土交通省・道路メインテナンス技術小委員会：道路のメインテナンスサイクルの構築に向けて－参考資料－，2013
4) エルファディング，淺野他：シェアする道路－ドイツの活力ある地域作り戦略－，技報堂出版，2012
5) 日本橋川に空を取り戻す会：日本橋地域から始まる新たな街づくりにむけて(提案)，2006
6) 国土交通省：首都高速の再生に関する有識者会議・提言書，2012
7) 清渓川文化館：清渓川復元，2006
8) ソウル市ホームページ：Hi Seoul，清渓川 http://japanese.seou;.go.kr/cheonggye，2006.5.16
9) 自治体国際化協会：清渓川復元事業～50年ぶりに復元された清渓川～，Clear Report，No.306，

2007.7.12
10) 黄他：清渓川復元 ソウル市民葛藤の物語－いかにしてこの大事業が成功したのか－，リバーフロント整備センター，2006
11) K-Y Hwang, S.Lee：Restoring Cheonggyechon River in down town, Seoul:Impacts of a serious loss of road capacity on traffic condition and travel behavior
12) 福田健：清渓川復元事業(道路交通への影響を主として)，JICE Report, vol.9，06.03
13) Removing Freeways-Restoring Cities, Portland, OR Harbor Drive, http://www.preservenet.com /freeways/FreewaysHarbor.html，2013.9.8
14) "Portland's Changing Landscape" edited by Larry W Price, Portland State University, Pacific Northwest, 1987
15) Syracuse Metropolitan Transportation Council：Case Studies of Urban Freeways for The I-81 Challenge, 2010.2
16) Preservation Institute：Removing Highways-Restoring cities- http://www.preservenrt.com/freeways/index.html，2013.7.15
17) 浅野光行：都市における地下空間利用の計画論的課題，都市計画，No.167，1991
18) Boston's Central Artery Tunnel Project, No.75, Spazio e Societa, 1996
19) "Project Summary" Central Artery/Tunnel Project, Massachusetts Highway Department, 1996
20) Boston Redevelopment Authority：Boston 2000-A Plan for The Central Artery-, Progress Report
21) ボストン－ビッグディッグプロジェクト，建設経済研究所　米国事務所アーカイブ，2003.3
22) History of the CA/T Project, Massachusetts Turnpike Authority website, 2006.9 download
23) The Central Artery/Tunnel Project-The Big Dig, The Official Website of The Massachusetts Department of Transportation -Highway Division, 2013.8 download
24) The Rose F. Kennedy Greenway, The official website of The Rose F. Kennedy Greenway Conservancy, 2013.08 download
25) D.Luberoff, A.Altshuler：MEGA-PROJECT A Political History of Boston's Multibillion Dollar Artery/ Tunnel Project, Rivised Edition, J. F. Kennedy School of Government, Harvard Univ., 1996
26) 淺野：これからの都市の地下利用－道路計画－，土木学会誌，Vol.87，土木学会，2002.8
27) 淺野：地下利用と都市空間の再生，明日へのJCCA #195，建設コンサルタント協会，1997.4
28) 古賀他：ボストンの「Big Digプロジェクト」から学ぶ地下空間利用，地下空間シンポジウム論文・報告集，第9巻，土木学会
29) 古賀他：ボストンの「Big Digプロジェクト」から学ぶ地下空間利用(その2)，地下空間シンポジウム論文・報告集，第10巻，土木学会
30) 田島：ビッグディッグ・プロジェクトの社会経済的影響，国際交通安全学会誌，Vol.30, No.4, 2005
31) Peter Vanderwarker：The Big Dig-Reshaping an American City-, Little, Brown and Company, 2001
32) Dan McNichol：THE BIG DIG, Silver Lining Books, 2002
33) D.Luberoff, A.Altshuler：MEGA-PROJECTS The Changing Politics of Urban Public Investment, Brookings Institute, 2003
34) Landeshauptstadt Dusseldorf：TieflegungRheinuferstrasse, EineStadtwandeltihrGesicht, 1991
35) Landeshauptstadt Dusseldorf：TieflegungRheinuferstrasse, Das ganzeSpektrum der Tunnelbautechnik, 1992

36) A.Kittlitz, E.Waaser：JahrhundertprojektRheinufertunnnelDusseldorf, ArtcolorVerlag, 1995
37) Alaskan Way Viaduct Replacement Project, Final Environment Impact Statement and Section 4(f) Evaluation, FHWA, WSDOT, City of Seattle, 2011.7
38) WSDOT：Alaskan Way Viaduct Replacement Program　http://www.wsdot.wa.gov/Projects/Viaduct/,　Sep. 15 2013.9.15
39) Vägverket：Götaleden, The Göta Tunnel–will give the city an new leas of life-,　2005
40) Business Region Göteborg, Göteborg Region–the Innovative Heart of Scandinavia, 2006
41) 秋田県建設部：秋田中央道路の開通効果, 2009

第4章　鉄道空間を活用した都市の再整備

4-1　鉄道を中心に発達した日本の都市

4-1-1　鉄道の出現と都市

　港町や宿場町を見るまでもなく，人や物，そして情報が集積する都市の多くは，その時代を代表する交通手段の要所とともに形成されてきた．そして，この約1世紀を振り返ると，日本の都市の骨格は鉄道とともに形成され，鉄道駅を中心に発展し展開してきた．狭い国土の中，日本の都市地域が高密な活動を可能としているのは，20世紀前半からの鉄道ネットワークの整備に負うところが多いと言っても過言ではない．また，20世紀後半，自動車交通が飛躍的に発達した時期，既に鉄道駅を中心とした市街地の骨格形成がなされていたことは，その後の市街地の展開に大きく影響を与え，鉄道ネットワークのさらなる充実と鉄道利用者の増加をもたらした．

　明治5(1872)年，新橋-横浜間に初めて鉄道が開通した後，全国的な幹線と地方線の鉄道整備が急速に進められたが，当時，それぞれの都市では停車場と呼ばれた鉄道駅の立地を決め，新しい都市の拠点建設に乗り出している．その時に決めた鉄道駅の位置は，その後の都市の発展や市街地の形成に大きな影響を与えた．多くの都市は，既存の市街地の縁辺部に停車場を配置し，鉄道を経済発展の原動力と考え，停車場を都市の新しい核として積極的に都市づくりに生かそうとした．

そのため，設置された停車場と既存の市街地中心を結びつけ，新たな活力を市街地に導入することが都市づくりの主要なテーマとされた．図-4.1は，岡山市と静岡市における鉄道駅と街の関係を示している．

一方，蒸気機関車の煙や騒音を嫌い，歴史的に形成されてきた中心市街地から離れた位置に鉄道駅を決定した都市では，旧来の商業中心と新しい交通拠点をどのように結合するか，宿命的な課題を負うことになった．その結果，時間の経過とともに，中心地区を鉄道駅中心の新たな拠点地区へ明け渡すことになった都市も多く見られる[1,2]．

一方，欧米の多くの都市では，19世紀後半には，既に建築物と市街地と道路ネットワークの骨格が概ね形成されていた．例えば，フランスのパリに見るように，鉄道の導入に伴う大都市のターミナル駅は，市街周辺部に方面別に設置された(図-4.2)．主要幹線にアクセスする街路の整備はされたものの，鉄道駅の持つ

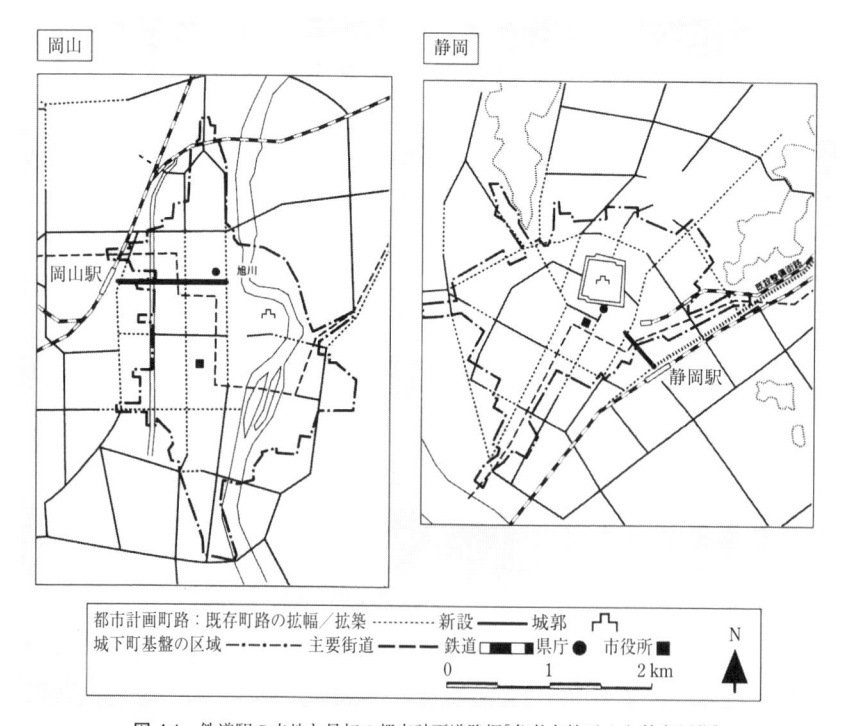

図-4.1 鉄道駅の立地と最初の都市計画道路網［参考文献2)より筆者編集］

ポテンシャルを生かした駅と周辺市街地の本格的な再整備は，高速鉄道（HST）の供用が開始された1980年代になってからと見ることができる．

4-1-2　鉄道と市街地の形成

20世紀の前半が鉄道の普及の時代であったのに対し，後半の半世紀にわたるモータリゼーションの進展は，日本における都市の構造や形態にたいへん大きな影響を与えた．すなわち，自動車の持つモビリティが商業，業務や居住地の自由な立地選択を可能にしたことによるものである．その影響は，人々の生活や活動に利便性と快適性をもたらす一方で，市街地を低密度に拡大させ，大都市を除いて鉄道の利用者は減少の一途を辿ることになった．また，歴史的に形成されてきた中心市街地は，集中する自動車交通を十分に受け入れることができず，沿道型の商業施設が郊外に数多く立地したため，停滞あるいは衰退を見ることになったのも事実である．

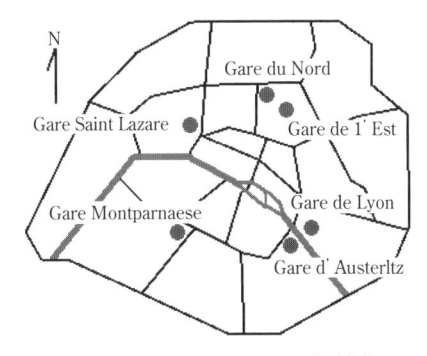

図-4.2　パリの6つのターミナル駅（出典：http://www.paris.org/）

このような20世紀後半50年のモータリゼーションの進展は，地方都市の鉄道利用者の減少をもたらしたが，それでも鉄道駅は都市の中心であり続けたことも事実である．また，日本の都市計画も，鉄道駅を中心とした都市構造を目指して計画の具体化が進められたと言えよう．

鉄道駅を中心とする都市整備の主要課題は，鉄道駅の設置から時間の経過と共に，次のように展開してきたと考えられる（図-4.3）．

① 鉄道駅の設置と駅前広場の整備
② 中心市街地からのアクセス動線の確保
③ 駅周辺市街地の整備と拠点地区としての育成
④ 市街地の拡大に伴ういわゆる駅裏地区の整備
⑤ 鉄道の立体化による市街地の一体化と軸線強化

そして今，都市地域が低密度で拡大して自動車時代の成熟化が進む中，地球環境問題への対応がますます重要度を増し，都市づくりはコンパクトな都市づくりへと大きく舵を切りつつある．そこでは，鉄道をはじめとする公共交通の役割を

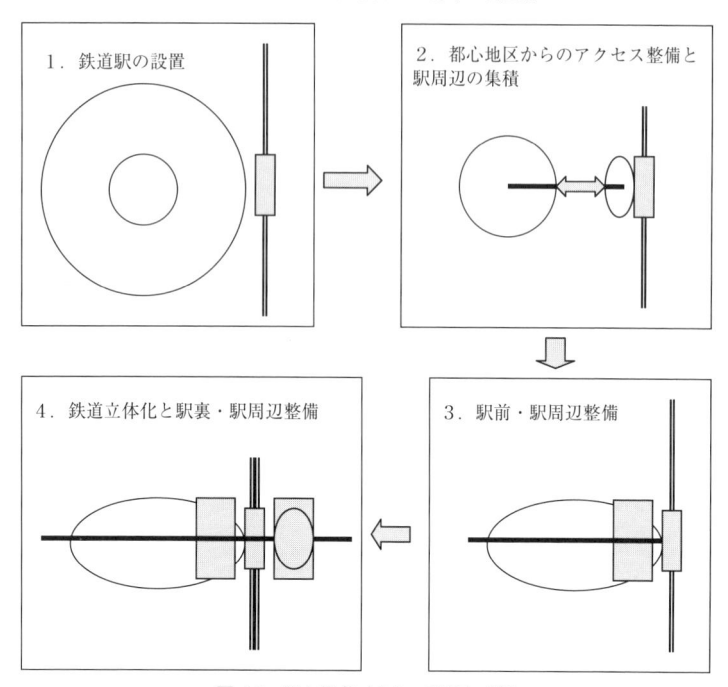

```
┌─────────────────────────┐     ┌─────────────────────────┐
│ 1．鉄道駅の設置          │     │ 2．都心地区からのアクセス整備と│
│                         │  →  │    駅周辺の集積          │
└─────────────────────────┘     └─────────────────────────┘
                                              ↓
┌─────────────────────────┐     ┌─────────────────────────┐
│ 4．鉄道立体化と駅裏・駅周辺整備│ ← │ 3．駅前・駅周辺整備      │
└─────────────────────────┘     └─────────────────────────┘
```

図-4.3 駅と都市づくりの課題と変遷

再度見直し，鉄道駅とともに形成されてきた中心市街地を，都市活動の中心地区としてどのように活力あるものにするかが，改めて大きな課題となっている．

一方，世界的には環境，エネルギー，空間，そして財政の制約とともに，とりわけ地球環境に対する意識の高まりは，公共交通手段の重要性を人々に再認識させ，都市交通政策の主要な課題は，公共交通手段の復権と自動車利用の抑制を目的とした Environmentally Sustainable Transport の実現へと変化している[3]．すなわち，鉄道，バス，LRTによる公共交通ネットワークの整備と，自動車交通からの転換促進による持続可能な都市交通を実現させることは，先進国では世界的な流れになっている．その中で，日本における公共交通の結節点，とりわけ鉄道駅を核としたこれまでの市街地整備と都市開発の連携は，世界的にも高い評価を得ており，成功のモデルとして位置づけられている．

4-1-3 鉄道と都市開発の連携

持続可能な都市は，今や，世界の都市づくりの共通な課題である．ヨーロッパの諸都市では，その具体的な都市像としてコンパクトシティが，また米国では，ニューアーバニズムの流れとともに成長管理政策(smart growth management policy)と公共交通指向型都市開発(TOD：Transit Oriented Development)が都市づくりの一つの大きな主題となっている．

それらに共通する計画の基本的考え方は，次のように要約される[4]．
① 公共交通，とりわけ軌道系システムの駅を中心に市街地の再編を図る．
② 駅を中心に高密度で混合した土地利用の市街地とする．
③ それらの市街地は概ね徒歩で活動できる範囲とする．

日本の都市計画は，もともとこのような計画思想に近い考えで組み立てられてきた．欧米の諸都市では，モータリゼーションの進展とともに，いったんはこの計画思想の変更を余儀なくされたように見受けられるが，日本ではこの百年，モータリゼーションへの対応に追われつつも，一貫して都市計画の主要な課題であり続けたてきたと言えよう．

鉄道と都市開発の連携は，主として1920年代，関東，関西の大都市郊外における私鉄路線の開業とともに開発された住宅地開発に始まる．渋沢栄一の田園都市構想に基づく東急目蒲線の洗足駅，同東横線の田園調布等で知られるとおりである[5]．

鉄道路線の整備と宅地開発を一体的に推進することの重要性は，その頃から明確にされてきた．以来，その伝統は，下に示すとおりの様々な形をとりつつ今日に至っている．
① 民鉄と沿線地域の宅地開発
② ニュータウン開発と鉄道路線の延伸，新交通システムの導入
③ 駅前広場の整備と駅周辺再開発
④ 「大都市地域における宅地開発及び鉄道整備の一体的推進に関する特別措置法」の制定(1989)と「つくばエクスプレス」の開通(2005)

このように，日本の都市は，鉄道と都市づくりの連携において世界の手本でもある．にもかかわらず，大都市圏を除き，モータリゼーションの進展による公共交通機関の利用者の減少や，都市の郊外化と中心市街地の衰退の流れを止めるこ

とができていない．日本においても，近年，コンパクトシティを目指した都市マスタープランが，青森市や富山市をはじめ多くの都市で策定されているが，日本型のコンパクトシティについて，鉄道を生かした都市のあり方とともに，さらなる議論が期待される．

4-2　鉄道駅と街の関係を再考する

4-2-1　鉄道駅が持つポテンシャル

a. 鉄道駅が持つ2つの拠点性　　一口に鉄道駅と言っても，大都市の都心・副都心駅，大都市周辺の拠点駅，大都市郊外の私鉄沿線駅，地方都市の中心駅，地方都市の周辺駅等，地域の特性，鉄道の種類，乗換えの有無等によって多岐にわたり，それぞれの駅を中心とした街づくりの課題も異なる．今さら鉄道駅の機能を再確認するまでもないが，街づくりにおける駅の役割を考えるうえで，次に示す鉄道駅の2つの捉え方は重要である．一つは，交通ネットワーク上の結節点（node）としての鉄道駅であり，もう一つは都市の場所（place）としての鉄道駅である[6]．

- 結節点（node）としての鉄道駅：鉄道駅は，基本的に鉄道路線上の乗降施設であるが，鉄道と都市をつなぐとともに，鉄道と路面電車，バス，タクシー，自動車等との乗換え機能が重要で，結果として都市の交通センターとしての役割を果たす．
- 場所（place）としての鉄道駅：結節点としての鉄道駅とも深く関わるが，乗降客および乗換客が集まることによるポテンシャルを有する場所であることを意味する．

多くの人々が通過し集散する鉄道駅は，これら2つのポテンシャルが複合したもので，都市の玄関として，交通手段の乗換え施設として，市街地への結節施設として，また駅を中心とする拠点地区形成の核施設として，等の多様な機能を持つ．人々は，交通結節点という主要な機能である乗換え以外にも，駅を利用してショッピングしたり，業務，情報収集，イベント参加，休息等，様々な活動に参

b. 駅のタイプと拠点性

駅の拠点性としてのポテンシャルは，多くの人々が通過し集散するところにある．2012 年の JR 東日本の駅別 1 日平均乗車人数を上位 12 駅，東京周辺都市上位 12 駅(除く横浜，大宮)，および県庁所在駅について見ると，表-4.1 のとおりである．

最も乗客数が多い新宿駅の 74 万 3,000 人は別格としても，乗車人数トップ 10 はいずれも東京圏の拠点地域の中心であり，業務，商業の集積と乗車人数が相乗効果となり，規模と活力を大きくしている．また，立川，船橋，柏等の東京の周辺都市を乗車人数順に並べると，いずれも JR 東日本全体の中でも 30 位以内と高い順位を占め，1 日平均乗車人員は 10 万人を超える．これらの駅では，東京への通勤者が多数を占めるのと同時に，生活の中心となる拠点地区を形成している．

県庁所在都市では，仙台の 8 万人が最も多いが，それでも東京周辺の都市には及ばない．新潟の 3 万 7,300 人，宇都宮の 3 万 5,000 人，水戸の 2 万 8,000 人等，地方においても中心駅は，都市の中でも集客数が最も多い施設の一つであると推

表-4.1 JR 東日本の駅別乗車人数(2012 年度)

上位 12 駅			東京周辺都市上位 12 駅			県庁所在駅	
順位	駅名	1 日平均乗車人員	順位	駅名	1 日平均乗車人員	駅名	1 日平均乗車人員
1	新宿	74 万 2,833	15	立川	15 万 7,468	仙台	8 万 0,269
2	池袋	55 万 0,756	18	吉祥寺	13 万 8,483	新潟	3 万 7,322
3	渋谷	41 万 2,009	21	船橋	13 万 4,366	宇都宮	3 万 5,018
4	東京	40 万 2,277	24	西船橋	12 万 6,834	水戸	2 万 8,041
5	横浜	40 万 0,655	26	柏	11 万 9,064	長野	2 万 1,165
6	品川	32 万 9,679	27	町田	11 万 0,543	盛岡	1 万 7,874
7	新橋	25 万 0,682	28	武蔵小杉	10 万 8,046	福島	1 万 5,869
8	大宮	24 万 0,143	29	戸塚	10 万 7,681	甲府	1 万 4,277
9	秋葉原	23 万 4,187	30	国分寺	10 万 6,523	秋田	1 万 1,143
10	高田馬場	20 万 1,756	31	千葉	10 万 4,788	山形	1 万 0,860
11	北千住	19 万 8,642	32	藤沢	10 万 4,300	前橋	9,693
12	川崎	18 万 8,193	34	津田沼	10 万 1,771	青森	5,929

JR 東日本：各駅の乗車人数(2012 年度)より

察される．一方，人口が 10 万人規模の中心駅では，例えば，鶴岡駅 1,300 人(人口 13 万 7,000 人)，花巻駅 3,400 人(人口 10 万 5,000 人)，柏崎駅 1,900 人(人口 9 万 5,000 人)等となっている(注：人口は 2010 国勢調査)．

比較の是非はあるものの，大規模店舗の来客数が概ね 1 万人/売り場面積 1 ha/日，コンビニ 1 軒当り来客数が全国平均約 870 人/日[*1]を参考にすると，地方都市の鉄道駅では，駅の利用者というポテンシャルを生かした拠点づくりがそれほど単純ではないことも理解できる．言うまでもなく，駅利用者の属性や地域によって駅の持つ拠点性は，性格，内容とも大きく異なり，それぞれの特徴を生かした駅を中心とした街づくりの課題も異なる．

4-2-2 駅前広場整備の変遷と現状の課題

明治から大正時代にかけて，鉄道の利用は長距離旅客が中心であった．そのため，駅前広場は鉄道の開業と共に登場したが，鉄道駅が都市の玄関として位置づけられたのに対し，駅前広場は玄関における前庭としての役割が大きかった．この時代，東京や大阪等の一部では，都市計画として駅前広場の計画と整備が行われたが，その他は，多くの場合，都市計画としてではなく，鉄道省の事業として整備が進められた．その後，次第に電車やバス，自動車等の交通機関の発達に伴って，鉄道駅は交通手段の乗換え場所としての機能を強め，駅前広場はそのための結節施設として役割を果たしてきた．

第 2 次世界大戦後の戦災復興事業を契機として，都市計画としての駅前広場の整備が本格的に進められた．各都市では，戦災復興土地区画整理事業により駅前広場が造成されるとともに，民衆駅の整備が行われた．民衆駅はその後，総合駅ビルへと展開していき，鉄道駅は交通結節機能に加えて商業機能等が加わり，駅の多機能化が促進され，戦後の典型的な駅前の風景を形づくってきた[7,8]．

2009 年度末現在，全国で都市計画として決定されている駅前広場は約 2,900 箇所あり，1 箇所当りの平均面積は約 4,250 m^2 である[9]．広場面積で見ると，計画決定された駅前広場の約 3/4 が供用されている．近年では，とりわけ駅前広場が，

[*1] (社)日本フランチャイズチェーン協会「コンビニエンスストア統計調査」年間集計(2012 年 1 月〜12 月)より

駅周辺地区の都市活動を支援する機能を担っていることを最大限に生かして，中心市街地の拠点性向上と活性化の観点から駅前広場の計画と整備を推進することへの期待は大きい．

しかしながら，駅と市街地との一体化という視点で見ると，駅前広場は，バスとタクシー，そして一般自動車のための空間を広く必要とするため，駅と周辺市街地をつなぐべき駅前広場が市街地を遠いものにしている感は否めない．そのような意味で，駅前広場において，多くの面積を必要とする交通結節機能と拠点地区を形成する都市の広場機能を空間的にいかに調和させるかは，これまで以上に重要な課題となる[10]．

4-2-3 駅と駅前広場

先に述べた鉄道駅が持つ結節点と場所の機能は，駅前広場ではどのように整理できるのであろうか．

駅前広場の中心的な役割は，かつては都市における玄関の前庭としての機能にあった．その後の各種の交通手段の発達に伴い，駅前広場は，バス，タクシー，自動車等の交通結節点としての機能が重要となり，鉄道はもとより，各種交通手段相互の結節および乗換え機能が重要な役割となってきた．そのため，駅前広場の交通空間は，歩行者，バス，タクシー，自動車，さらには自転車のための多くの施設と空間で構成される．

一方，鉄道駅を中心に市街地形成が図られてきた日本の多くの都市では，駅周辺地区は，商業・業務機能が集積する拠点地区としての性格を持ってきた．そのような意味で，駅前広場は交通結節点としてばかりでなく，都市計画における重要な施設として，今後とも駅周辺地区の拠点性を高める役割が課せられている．そのため，駅前広場は，市街地の拠点として，交流，景観，サービス，防災等の都市の広場としての機能を担い，それらは環境空間として位置づけられている（図-4.4）．

そのような意味で，駅前広場は，結節点としての駅に対しては「交通結節機能」が，また場所としての駅に対しては「都市の広場機能」がそれぞれの機能上の役割を果たし，空間的には「交通空間」と「環境空間」がそれぞれ対応し，配置されている．

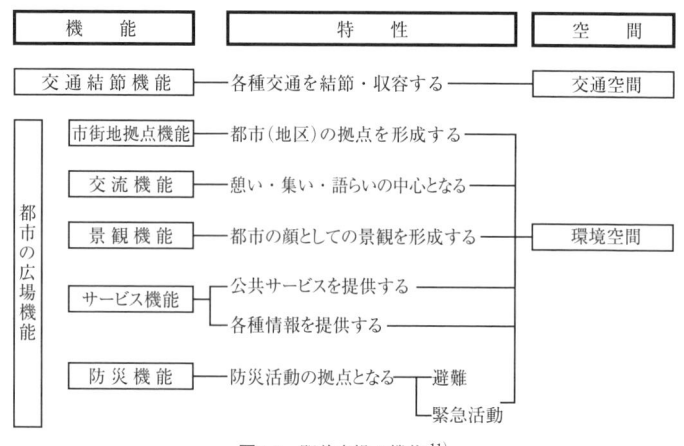

```
機　能              特　性                         空　間
交通結節機能 ── 各種交通を結節・収容する ──── 交通空間

都           ┌ 市街地拠点機能 ── 都市(地区)の拠点を形成する ─┐
市           │ 交 流 機 能 ── 憩い・集い・語らいの中心となる ─┤
の           │ 景 観 機 能 ── 都市の顔としての景観を形成する ─┤ 環境空間
広           │ サービス機能 ┬ 公共サービスを提供する ────┤
場           │             └ 各種情報を提供する ──────┤
機           │ 防 災 機 能 ── 防災活動の拠点となる ┬ 避難
能           └                                  └ 緊急活動
```

図4-4　駅前広場の機能 [11]

4-2-4　駅舎と駅前広場の調和

　鉄道を降りた人がバスに乗り換えたり，タクシーを利用して都市の他の場所へ行くには，駅舎を出てできるだけ近い所に乗換え施設があることが重要である．一方で，鉄道を降りた人にとって，駅前広場の先にある市街地は遠く，また鉄道を利用する人にとって駅舎は見えても，駅前広場の奥行きのため，歩いてたどりつくのは遠い．そのため，鉄道駅と市街地を結ぶ駅前広場の多くは，歩行者に対して高架のデッキや地下通路，また横断歩道によって周辺市街地への動線を確保し，距離抵抗を少なくする努力が払われている．

　駅と周辺市街地を遠くしているのは，駅前広場の空間だけではない．鉄道を降りた人々は，ラッチ内のサービス施設や近年増加の一途にある駅ナカ商業施設を通り抜けて改札口を出る．その後，ラッチ外のコンコースにおけるサービス，情報，商業等の各種施設，およびいわゆる駅ビル(商業床他)を経由して駅舎から出て，駅前広場に着く．

　このような駅舎と駅前広場の機能と空間構成を整理すれば，図-4.5に示すとおりである．図からも明らかなとおり，近年に見られる駅舎における幅広い機能の展開に加え，多様化と高度化が進む駅舎デザインの流れの中で，駅前広場や周辺市街地とどのように調和させ，いかに一体的に計画，設計，デザインできるかが求められる [12]．

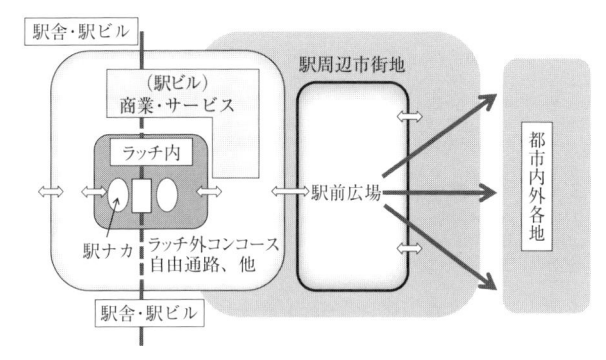

図-4.5 駅舎および駅前広場の機能と空間構成

　一方，鉄道駅の結節機能についても，車もバスも自転車もタクシーも，といったすべての機能を備えた駅前広場を引き続き前提とするのではなく，機能を限定し，駅によってはコンパクトで歩行者を最優先する工夫によって街と駅を一体的につなぐことも考慮に値しよう．

4-2-5　駅と街の新たな関係に向けて

　ここまでは，日本における駅と駅前広場，駅周辺地区，さらには中心市街地との関わりについて概観してきたが，以下，これからの駅と街の関係について，改めていくつかの課題を考察したい．

a. 鉄道駅空間を質の高いものにする　　21世紀の駅に求められる役割は，単に交通の結節点として機能的であるばかりでなく，人々の集散や交流を通して新たな地域文化を創造する場所としての役割が重要になる．また，主要鉄道駅は都市の玄関でもあることから，その空間は，都市の顔に相応しい気品を持った空間とすることが期待される．

b. 駅のポテンシャルを街に開放する　　先にも述べたとおり，多くの人々が行き交う鉄道駅の持つポテンシャルは大きい．近年，駅ビルが多様化，高度化するとともに，大都市の拠点駅では，いわゆる「駅ナカ」ビジネスが多角化し，増加の傾向が見られるのは，必然の流れとも言える．たとえが適切であるかは別として，個々の旅館，ホテルがそれぞれすべての機能を備えてお客を囲い込んだ結果，温泉街が寂れていくといった現象も見られることも忘れてはならない．

今後，駅空間の開発において，単に複合開発された施設空間内で閉じこもるのではなく，開いた空間を通して周辺地区へ波及し，中心市街地の再生，再構築に波及する工夫がますます重要になる．

c. 鉄道利用者以外の人々を駅に引きつける　鉄道駅は，駅前広場も含め，単に鉄道を利用する人々が通り抜けるだけの空間ではなく，鉄道を利用しない人々が学校や会社の帰りに立ち寄ったり，買物の途中での憩い，集い，語らう場になることも大事である．それは，交通と商業の機能だけではなく，地域の文化，交流，情報の拠点としての位置づけを明確にするとともに，それに見合ったスペースの確保とデザイン的にも新しい発想の空間が求められよう．

d. 駅と街の相乗作用をプラスにする　公共交通手段を生かした街づくりは，コンパクトな都市づくりの時代に向けて新たな段階を迎えているように見受けられる．とは言え，特に地方都市では，鉄道利用者の減少と中心市街地の停滞または衰退が，お互いに負の作用を及ぼし合い，苦悩していることも事実である．駅周辺地区および中心市街地が魅力的で人々を引きつけることにより鉄道利用者が増加し，それによって逆に中心市街地が刺激を受け，相乗効果をもたらす．そのようなプラスの効果をもたらすよう市民，行政，事業者，民間が一体となり，駅と街が連携できる街づくりに取り組むことが何よりも重要である．

4-3　地方都市の鉄道と展望

4-3-1　地方都市と軌道系交通システム

20世紀後半の半世紀にわたるモータリゼーションの進展により，地方都市の軌道系交通システムはきわめて苦しい立場に置かれている．低密度に広がった市街地，郊外の幹線道路に面した大規模ショッピングセンターの立地，中心市街地の衰退，人口の中心市街地からの流出，都市間競争の激化等，軌道系システムをますます利用しにくくしている．その結果，軌道系システムの特徴である大量性，時間の確実性，安全性等の利点が生かされにくい状況が増幅しており，鉄道はもとより地方都市の公共公通システムは，利用者の減少，サービスの低下，経営状

況の悪化という悪循環を断ち切ることができないでいる.

とは言え,地方都市の鉄道事業者は,様々な制約のもとに,いかに利用者にとって魅力あるサービスを提供し,人々を引きつけることができるかを模索し,試みをし,努力を行っている.その一つが,既存の軌道系交通システムを地域が持つ歴史的,自然的,また文化的な資源として引き出し,活用を図ろうとする試みである.伊予鉄道の「ぼっちゃん列車」や,いすみ鉄道のいすみ線(千葉県)等もその一つと位置づけられる.基本的に,交通は派生需要と言われるが,移動そのものを目的とする発想は今後とも重要である.

加えて,これからの環境に優しい,豊かで,活気のある地方都市を実現するためには,既存の軌道系交通システムを含め,公共交通が最大限に生かされるような都市のあり方を探り,そのための都市の再構築へと向かうことが何よりも重要である.

4-3-2 地方都市の明日の姿

地方都市が抱える最大の課題に中心市街地の衰退がある.モータリゼーションの進展に伴う商業の衰退と居住人口の流出が大きな要因とされるが,そればかりではない.多くの公共公益施設は,都市の周辺に移転,新設され,自動車なしには,基本的な社会的サービスも受けられない状況を生み出している.これから迎える本格的な高齢社会と人口減少の時代にあって,中心市街地は,商業の再生もさることながら,多くの人々が住み,交流し,様々な活動を通して固有の都市文化を育む場所へと変容していくことが基本的な課題となる.そのような地方都市のイメージとして,

・多くの人々が中心市街地に住む
・公共公益施設が身近にある
・郊外開発が抑制されている
・公共交通機関の役割が大きい
・日常の生活において移動距離が少なくてすむ

などを挙げることができる.とりわけ,地方都市の中心市街地の目指す方向として,次のような要件を考慮することが重要であろう(**図-4.6**).

・多くの人が中心市街地に来街しやすい環境をつくる

・来街した人々が楽しく快適に回遊できる環境を整える
・来街した人々が時間の消費を楽しみ，空間を楽しみ，ふれあいを楽しめる場を提供する

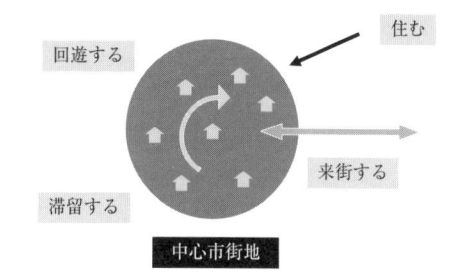

図4-6 中心市街地・活力の要素

4-3-3　軌道系交通システムを生かした都市づくり

　過度に自動車依存した地方都市においては，誰もが公共交通の役割の重要性を理解しているが，多くの人は利用しようとは考えていない．しかしながら，先に述べたように，多くの人々が都市に住み，賑わい，活発に交流し，固有の地域文化を育む地方都市にするためには，都市づくりにおける軌道系の公共交通システムの果たす役割は，本来，きわめて大きいはずである．同時に，車社会にあって，公共交通システムを都市づくりに生かすためには，多くの工夫を必要とする．以下，地方都市の都市づくりにおいて，軌道系システムを生かすいくつかの視点について述べてみよう．

a. 自動車との折合い　　地方都市の商業の衰退を，モータリゼーションと中心市街地の駐車場不足によるものと見る傾向があるが，地方都市の駐車場は，その使い方は別として，あり余るほどの駐車場，駐車スペースがあることも忘れてはならない．とは言え，地方都市において，自動車利用を無視した公共交通システムはあり得ない．お互いの役割分担と，それに基づく優先と抑制の政策が明示されることが必要である．

b. 駅と街とのつながり　　駅と街は，これまで駅ビルや交通結節点としての駅前広場を介してつながることを基本形にしてきた．中心市街地の密度がそれほど高くない地方都市にとって，駅が都市空間の中により自然に溶け込み，利用者が駅から街へスムーズに，そして快適に歩いて行け，回遊できる環境をつくることが大事になる．地方都市の駅と街のつながりに関する新しい概念を期待したい．

c. 都心駅と郊外駅　　軌道系システム利用者は，基本的に家から駅と駅から目的地の端末交通を必要とするため，都市の中心駅と郊外駅とでは性格を異にする．

とりわけ，低密度に拡大した地方都市において，一つの路線でカバーできるエリアにも人口にも限りがある．郊外駅から少し離れた所では，車による中心市街地へのアクセスの方が時間的にも，快適性にも優れている場合が多い．この軌道系システム路線のカバーエリアを広くし，出発地から目的地までをできるだけシームレスに行けるよう，引き続き工夫が必要である．そして，利用料金や情報提供等も含めた鉄道と道路のより強いソフトな連携方策が期待される．また，郊外においては，駅周辺の開発を極力抑制し，駅へのアクセス機能と乗換え機能に特化した新駅の整備も考える価値があろう．

d. 沿線のつながりと街の軸　軌道系公共交通システムの路線を都市の軸として位置づけ，沿線の土地利用を高密度に誘導し，駅周辺地区に公共公益施設を積極的に配置していこうとする計画コンセプトは，これまでにも多くの都市でとられてきた．そのような鉄道路線の軸に沿った都市の形態へと街の姿を変えていくことは，公共交通システムの効率的な活用にもつながるが，これまでの多くの都市での試みは必ずしも成功しているとはいえない．都市の姿に関する確固たるビジョンと，土地利用，道路，鉄道の強力な連携なくしては現実のものとはならないであろう．

e. 路面電車(LRT)への期待　フランス，ドイツ，スイス等のヨーロッパ諸国を中心に，路面電車(LRT)の復活，新設により都市の再生を試みて，成功している都市は多く，地方都市の活性化に向けて路面電車やLRTへの期待は高い．路面電車(LRT)は，単に軌道上の車両で人を運ぶばかりでなく，街の空間に溶け込み，環境に優しく，人に優しく，手軽で便利で，そして何よりも賑わいのある街づくり演出する可能性を秘めている．一方では，路面電車に新しい車両を走らせたり，新たな路線を整備することだけで，街の賑わいをつくり出せるものではないことも事実である．中心市街地の活性化，再構築と一体となって初めて可能になるものであり，車利用者，沿線施設等を含め，街全体でその機運を高めていくことが今一番必要とされている．さらには，既存の車道空間を縮小して路面電車(LRT)を導入しようとするぐらいの自動車利用者の意識や気概を求めたい．

4-4 鉄道立体化の要請と連続立体交差事業

4-4-1 鉄道立体化の要請

　近年の鉄道踏切における人身事故は，年々減少の傾向にあるとはいえ，2009年度では全国で356件，そのうち死傷者は276人と多く[14]，社会的に緊急の解決が必要とされている．踏切事故多発の背景は，基本的には鉄道路線が地表に敷設されていることによるが，都市地域では，鉄道路線の開設時期とその後の市街地の成長，拡大による「時間的なずれ」と，モータリゼーションの進展に伴う自動車交通の増大に対する，都市内道路整備が追いつかない「速度のずれ」に要約されよう．すなわち，鉄道路線が設置された当初，市街地がそれほど拡大するとは考えられなかったし，また，モータリゼーションの進展がそれほど進むとは考えられなかったことにある．

　大都市の郊外に伸びる平面鉄道は，沿線の急激な都市化と鉄道利用者の増加によって過密な運行を余儀なくされ，数多くのいわゆる開かずの踏切となった．また，環状方向の道路整備が後回しになったため，沿線地域の自動車交通の輻輳と環状道路との踏切での渋滞等が深刻化した．さらには，生活圏が広がる中で鉄道路線を挟む両側地域の往来の支障等も問題となった．一方，地方都市では，かつては市街地縁辺部に設置された鉄道路線が，市街地の成長とともに都心地区のまっただ中に位置することになり，都市地域全体を鉄道路線が分断する構図となった．

　線路を跨ぐ立体的横断歩道の整備，踏切内の歩道の整備，無駄の少ない踏切信号の導入等が緊急的な対策として行われているが，根本的な解決策は鉄道と道路を立体化することである．立体のさせ方は，道路または鉄道のどちらかを高架化または地下化することであるが，対象地域の道路状況あるいは市街地の状況によって方策は異なってくる．そのような立体化の方策の中で最も基本となり，広い範囲にわたって踏切問題を解決し，加えて市街地に影響を持つ方策が連続立体交差事業と言えよう．

4-4-2 連続立体交差事業

　連続立体交差事業は,「都市部における道路整備の一貫として,道路と鉄道の交差部において,鉄道を高架化または地下化することによって,多数の踏切を一挙に除却し,踏切渋滞,事故を解消するなど都市交通を円滑にするとともに,鉄道により分断化された市街地の一体化を促進する事業」と定義されている[15].

　鉄道の立体化の歴史は古く,1939 年に神戸市街線(灘 - 鷹取間 11.2 km)で行われた高架化で既に見ることができる.連続立体交差事業は「内鉄協定」(1940)[*2],「建国協定」(1956)[*3] を経て「建運協定」(1969)[*4] によって制度的充実が図られてきた.この「建運協定」は,連続立体交差事業の都市計画事業としての位置づけを明確にするとともに,鉄道と市街地を一体的に整備する性格を強くしている[16].この協定に基づく事業は 2010 年度までに 140 路線・区間で完了し,2012 年度現在,全国 62 箇所で事業が進行中である.その結果,踏切解消はもとより鉄道を横断する都市計画道路の整備,駅周辺市街地の再整備に大きく貢献している.

4-4-3 鉄道立体化の今日的な意義と役割

　このように,連続立体交差事業は単に鉄道と道路を立体化するばかりでなく,未整備の都市計画道路の整備を進め,土地区画整理事業や都市再開発事業と連携して駅前広場を含む駅周辺地区の再整備を連動させることもできる.そのような意味で,この事業は,大規模な市街地更新と都市空間の再構築を同時に図る可能性を持っている.

　一方,21 世紀に入ってから時間が経過するとともに,都市地域は,高齢社会,環境共生指向,安定的経済,財政制約等の様々な条件とともに成熟化の道へと確実に歩みつつある.そのため,今後の市街地の再整備は,大規模な改変から修復型の再整備へと,徐々に重点を移していくのは必然の流れと考えられる.以下,今後さらに進むであろう都市地域の成熟化のもとで,鉄道と道路の立体化の意味を考察してみたい.

[*2] 道路と鉄道との交叉方式並に費用分担に関する内務・鉄道両省協定
[*3] 道路と鉄道の交叉に関する建設省・日本国有鉄道協定
[*4] 都市における道路と鉄道との連続立体化に関する協定

a. 鉄道という都市の基本インフラを生かした市街地空間の再構築　21世紀の都市整備では，拡大した市街地をどのようにコンパクトなまとまりに再構築していくかが，都市計画の最も重要な課題の一つである．中でも，鉄道駅を中心とした市街地の再整備は，まさに古くて新しい今日的な計画の課題でもある．鉄道立体化を市街地の再編，活性化につなげることが何よりも重要である．一方では，連続立体交差事業と連携して駅周辺地区の再整備が行われたにもかかわらず，この事業によって自動車の利便性が向上した結果，かえって市街地の低密度な拡大を促し，駅周辺地区が停滞や衰退の状況に陥った都市があることも否定できない．

公共交通への乗換え機能を最も優先させようとしている一例として，JR新潟駅における工夫を取り上げたい．現在，JR新潟駅の周辺地区では，連続立体交差事業を中心に，幹線道路と駅前広場の整備が鋭意進められている．この整備計画では，駅中央部で南北に横断する幹線街路を基幹公共交通軸に位置づけ，一般の自動車は駅部を通過できないようにする計画になっている(**図-4.7**)．高架化される駅部の南北にそれぞれ駅前広場を整備するのに加えて，高架下にそれらをつなぐ交通広場が計画されている．この高架下駅前広場は，基本的に公共交通(バス，LRT等)の乗降施設と歩行者のための空間として機能する(**図-4.8**)．富山市において，LRTと駅を隔てて反対側の中心市街地にサービスする既設の路面電車を富山駅で接続させ，通過させようとするコンセプトに近い．この整備によって，JR新潟駅と駅北部の都心地区，あるいは駅南部の開発区域が実質的にも市民の気持ちの上でも近くなることが期待される．

b. 都市空間の更新，再構築のきっかけづくり　今後，鉄道と道路の立体化を

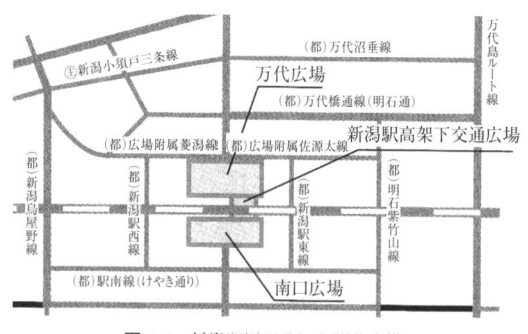

図-4.7　新潟駅周辺地区と駅前広場

推進しなければならない地域の多くは，市街地が既に密集し，安全や防災等の様々な問題を抱えているにもかかわらず，抜本的な市街地再整備に踏み切れなかったり，市民等のエネルギーを結集できなかったりしている所である．言い換えれば，今ある街を生かした街づくりを指向しているが，何らかのきっかけがない限り街の再整備は難しい地域である．

そのような都市では，連続立体交差事業に代表される鉄道と道路の立体化事業は，市街地の広い範囲にわたる再整備のきっかけを提供する重要な役割を担っていると同時に，都市にとって最後ともいうべき大規模な都市空間再編の機会となる．この都市空間再編は，地域の状況，特性によって様々なバリエーションが考えられるが，その中で，鉄道立体化によって創出される都市空間を活用した中心市街地の一体化と賑わいを創出する新たな計画手法と整備方策への工夫はますます重要になろう．

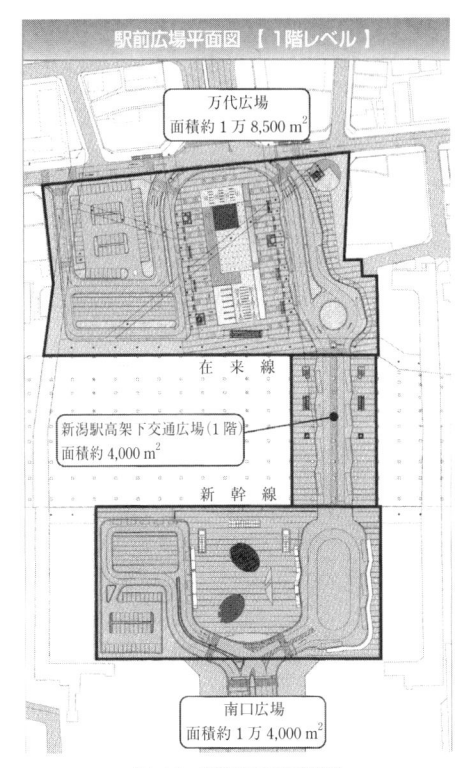

図-4.8 新潟駅の駅前広場

4-4-4 成熟社会における鉄道立体化の視点と課題[17)]

鉄道立体化と街づくりの連携は，21世紀にふさわしい市街地への更新の可能性を秘めているとともに，大がかりな再整備の最後の機会とも考えるべきことは，先にも述べたとおりである．以下に，それらを実現していくためにいくつかの視点と課題を述べることとする．

a. 大都市と地方都市 同じ鉄道立体化が必要な地域にあっても，大都市と地方都市では，沿線市街地の再整備の課題は異なる．大都市おいては，郊外に伸び

た放射方向の鉄道路線沿線地域では，駅につながる商店街は生活の中心であり，駅は沿線住民にとっての足の拠点である．同時に，沿線の多くは比較的密集した市街地であり，新たな駅前広場の確保も容易ではない地区も多いことから，勢い駅周辺地区の更新は修復型となろう．

一方，地方都市では，都市全体の問題であり，中心市街地全体の問題である．多くの都市では，各種都市機能の郊外への分散立地に伴い，鉄道駅を核とした中心市街地の停滞と衰退を招いており，結果として都市全体の活力が低下している．中心駅周辺地区を都心にふさわしい活力ある地区へと再整備することが主要な課題となり，様々な事業の組合せと，民間活力の誘発が不可欠である．

b. 駅部と駅間部　21世紀の鉄道駅に求められる役割は，単に交通の結節点として機能的であるばかりでなく，人々の集散や交流を通して新たな地域文化を創造する場所としての役割が期待される．それは，駅を介して両側の地域をどのようにつなぐかによって異なってくる．従来の画一的な駅とその周辺地区ではなく，デザインを含め新しい発想が求められる．

一方，駅と駅の間にある沿線地域はどうであろうか．生活および日常活動の範囲が広がる中で，両側地域の行き来が容易になることは重要である．とりわけ，学校区あるいは公共公益施設の配置が鉄道に挟まれている場合は，生活への影響も大きく，立体化による利便性向上の役割は大きい．生活環境という側面からは，市街地とスケールの異なる無機質な構造物が出現することで，新たな視覚的な，また心理的な壁とならない工夫が必要とされよう．

c. 高架化と地下化　これまでに整備された連続立体交差事業のうち，地下化によるものは約10％にすぎず，多くは高架化によって実現されている．高架化が大勢を占める最大の理由は，地下化の費用が高いことによる．地価の高い大都市で見ると，工事費では地下化の費用が高いものの，高架化の際に必要となる側道の新たな整備を考慮すると，それほど割高にはならない場合もある．高架化の場合，生み出される高架下空間は鉄道事業者が所有するが，その15％は優先的に公共利用に使うことができるとされている[18]．

この高架下空間の活用は，沿線地域にとって，また鉄道事業者にとっても価値は高い．しかしながら，鉄道立体化で生み出される新たな都市空間の利用可能性について見れば，地下化による地上空間の解放は，高架による高架下空間とは比較にならない可能性を秘めていると言えよう．とりわけ，密集市街地の沿線地域

では，この地上空間の解放が沿線地域にとって最後とも言うべき，都市空間再編の可能性と機会を与えるからである．むろん，この地上空間が鉄道事業者の所有であり，その空間利用に関する費用的また制度的な制約が数多くあるが，新たな活用方策を検討する価値は高い．

d. 立体化費用と街づくり費用　鉄道立体化と連携した市街地の再整備は，単に立体化事業だけ行えば自ずと進むものではない．そのため，駅周辺地区では市街地開発事業と組み合わせて，駅前広場，駅へのアクセス道路の整備等が図られてきた．国も，これら一体的整備に向けて様々な取組みと支援の拡充を行ってきている．

事業が行われる都市にとって，鉄道立体化と連携した市街地整備の意義と役割はきわめて大きいものの，平均的な連続立体交差の事業費は570億円[16]と膨大である．市レベルの負担が平均的に全体の15%前後ではあっても，負担額が大きい．加えて，関連する市街地整備の負担が相当の額にのぼるため，財政的にはきわめて厳しい決断が必要になる．このことは，事業の必要性は理解しつつも，実施には二の足を踏む大きな要因となるため，さらに様々な支援を必要とする．

そのため，事業費を少なくする努力は今後とも続けなければならないが，地域特性に応じた市街地の再整備に関する柔軟な運用方策，民間も含め費用をより広く求める方策，また立体化と市街地整備を一体的に行うことを前提とした新たな制度設計等の検討を期待したい．

e. 費用負担とインセンティブ　多くの都市にとって，その必要性と効果は明らかなものの，先にも述べたとおり，負担額は大きく，関連する市街地整備費も加わることから，財政的に決心を鈍らせる要因となっている．また，都道府県も昨今の財政状況から勢い事業の推進は厳しくならざるを得ない．市街地整備と一体となり，新たな民間活力を導入できる仕組みを検討することも価値があろう．

一方，鉄道事業者にとっては，高架下の利用の可能性，踏切除去によるメリット，運行システムの更新等，期待される効果は大きい．しかしながら，鉄道利用客の増加等による収入増を必ずしも明確に見込みにくいことから，積極的な推進姿勢をとりにくいことも確かである．近年，鉄道敷地空間活用に関する制度的な対応を柔軟にする議論が進む中，鉄道立体化における鉄道事業者のインセンティブを高める工夫が重要となる[19]．

沿線地域にとってはどうであろうか．鉄道立体化そのものは，多くの沿線の

人々にとって直接的な費用負担とはならない．それだけに，鉄道立体化を街の再生のまたとないチャンスと捉え，街の再整備に取り組むことが望まれる．そのため，沿線地域の人々の参加と協働の仕組みづくりが重要な役割を果たすことになろう．

4-5 鉄道立体化と都市空間の再編

4-5-1 鉄道高架化と高架下の利用

大都市郊外の放射状に伸びる鉄道沿線地域は，既に鉄道駅周辺地区を核とする稠密な市街地を形成しているが，多くの鉄道駅では駅前広場はなく，駅周辺市街地の再整備を必要としている．しかしながら，費用的，時間的，また合意形成等の側面から，鉄道立体化に合わせたすべての整備を期待どおりに進めることは難しい．

鉄道の高架化により生じる高架下空間は，そのような意味で，事業完了とともにすぐさま利用が可能となるため，駅周辺地区全体の更新にとっても貴重な空間である．先にも述べたとおり，高架下空間はそもそも鉄道事業者の土地であるが，その15％は優先的に公共が利用できるとされている．どの部分を公共利用とするかは，鉄道事業者と行政との協議により決定される．

図-4.9 は，東京近郊の6路線・区間における高架下利用の用途構成である．商業施設が最も多く約30％，次いで駐車場27％，事務所18％，駐輪場9％の順で利用構成が高い．その他，公園

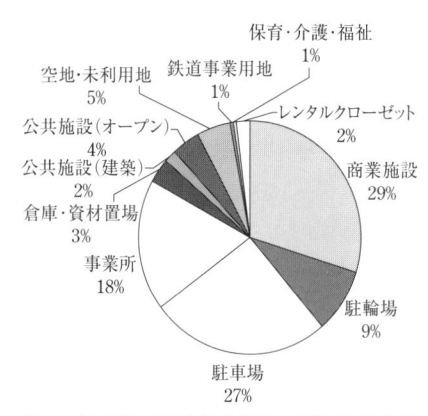

注1 対象路線・区間：小田急線（梅ヶ丘駅-和泉多摩川駅），東急東横線（中目黒駅-都立大学駅），東武伊勢佐木線（北千住駅-八塚駅）JR中央線（中野駅-三鷹駅）JR総武線（両国駅-小岩駅）JR埼京線（赤羽駅-浮間舟渡駅）
注2 高架下利用面積の構成比（2004年9月現在）

図-4.9 東京近郊の6路線・区間における高架下利用の用途構成

から保育園，介護施設，福祉施設，レンタルクローゼットまで多岐にわたり，空地，未利用地は少ない[20]．また，高架下利用と沿道の関係は，高架下の用途によって状況はかなり異なる(**写真-4.1，4.2**)．

写真-4.1 高架下利用と沿道(1)

写真-4.2 高架下と沿道(2)

このように，高架下空間は，鉄道事業者と公共で多角的な活用が図られている一方で，平面鉄道以上に線路の両側地域を高架下施設という壁で遮る傾向も見られる(**写真-4.3**)．高架下空間の利用が周辺地区へと波及し，周辺地区の再整備への刺激となり，街づくりを促し，結果として高架下と駅周辺地区がより一体的に機能するための工夫が期待される．

写真-4.3 壁となっている高架下施設(JR中央線荻窪駅付近)

4-5-2 鉄道の地下化と地上空間の活用

近年，高架ではなく，地下化による連続立体交差事業と街づくりの連携の取組みがいくつかの都市で進められている．首都圏で見ると，相鉄線・大和駅付近の地下化をはじめとして小田急線・成城学園前駅付近，東急目黒線の不動前駅-洗足駅間，小田急線代々木上原駅-梅ヶ丘間，京王線・調布駅付近等である．その

他にも,連続立体交差事業のスキームによるものではないが,みなとみらい線の整備に合わせて地下化された東急東横線(反町-横浜間),また東急目黒線の大岡山駅の地下化で生み出された地上空間を病院として活用するなど,新たな試みが見られる.

a. 相模鉄道本線大和駅の地下化と駅周辺整備　連続立体交差事業により大和駅を含む1.6 kmが地下化され,1996年には事業が完了している.最大の特色は,地下化された鉄道敷地の地上空間がプロムナード(歩行者専用道:2路線,930 m)として整備され,大和駅周辺地区の再整備の基軸に据えられている点である.加えて,高架で交差する小田急線の改築と,両鉄道敷地も利用した駅前広場(1万1,900 m^2)の整備が行われるとともに,いくつかの地区で再開発計画が検討され,その一部地区は具体化への道が進んでいる(**図-4.10**).

このように,大和駅周辺地区では,鉄道の地下化をきっかけに駅周辺地区の再整備が図られているのが特色である.地下化された鉄道敷地に整備された地上の歩行者専用道は,平面鉄道の時代に側道があった西側となかった東側ではプロムナードの沿道条件は異なるが,いずれも歩行者専用道を軸とした駅周辺地区の奥行きを持った更新へと着実につながりつつある(**写真-4.4, 4.5**).

図-4.10　大和駅周辺地区

写真-4.4 大和駅歩行者専用道7号(側道あり) 　　写真-4.5 大和駅歩行者専用道7号(側道なし)

b. 小田急線成城学園前駅の地下化と駅周辺地区計画

地下化に至った経緯は省略するが，連続立体交差事業(世田谷代田駅〜喜多見駅)において地形を生かして堀割化された区間がある．駅部を含み約650 m にわたり地上部に蓋がされ，駅ビル，駐車場，駐輪場，バスのための交通広場(約5,000 m^2)等が設置され，駅ビルに接して2つの駅前小広場(各900 m^2, 360 m^2)が地区施設(地区計画)として整備されている(写真-4.6, 4.7)．地区計画では，その他2つの区画道路(既存道路)が地区施設として決定されている(図-4.11)．

この事例では，周辺地区が成城学園前という閑静な住宅地であるが故に，大きな市街地の更新を図るのではなく，時間をかけて誘導する地区計画が選択された．逆に，高架下と同様に15%を公共が優先的に利用するルールは適用されるものの，必要となる都市基盤施設の多くが，鉄道事業者の負担と貢献によるところが大きかったと言えよう．

写真-4.6 成城学園前駅・交通小広場と駅ビル 　　写真-4.7 成城学園前駅・交通広場と駐車場

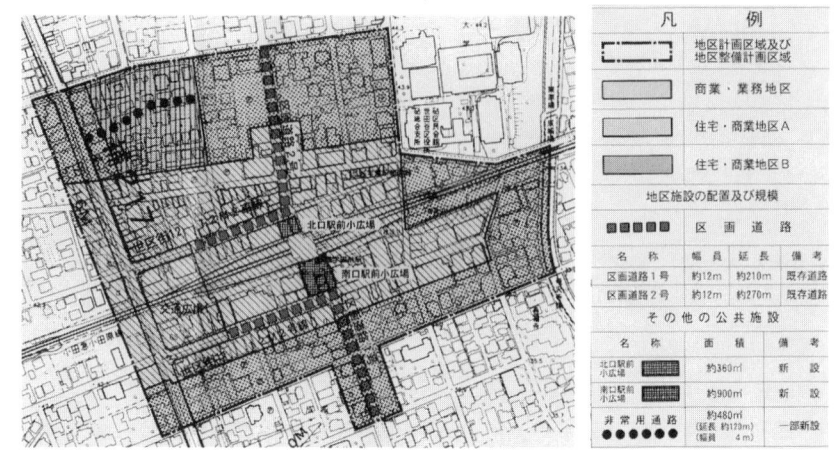

図-4.11 成城学園前駅周辺地区計画(約 14.2 ha)

　この成城学園前駅の地下化区間について，地上の使い方を模式化してみると，図-4.12 に示すとおりである．この地上の利用方法は，駅の地下化をきっかけに地上の路線敷空間を活用して駅前機能を分散させ，配置しているところに特徴がある．同様な地上の使い方は，東急東横線田園調布駅前，同日吉駅前等の多くの駅で見られる．駅の地下化によって鉄道を降りた歩行者は，小さな駅前広場を通って街につながり，バスや自転車を利用する人は，地下化した線路の地上部に設置されたバスターミナルや駐輪施設を利用して周辺地域へと移動する．車利用者は，線路上や駅ビル屋上の駐車施設を使う．空間制約があるが故の分散配置であり，応用範囲は広いと考えられよう．

　なお，成城学園前駅の事例では，図-4.12 に見られるとおり，地上にアグリス

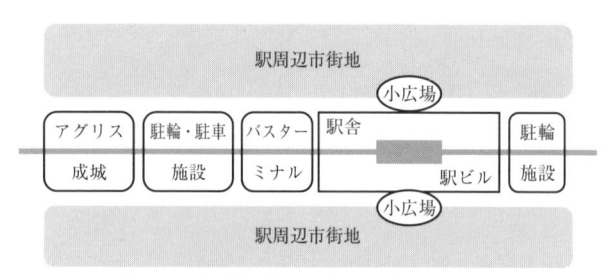

図-4.12 成城学園前駅に見る地上空間の使い方

成城という広さ約 5,000 m^2 の貸し菜園が作られ，1 区画 3.0 〜 7.5 m^2 で約 300 区画の菜園が貸し出されている（**写真-4.8**）．我が国でも初めての試みであり，大都市地域ならではの地上空間の利用方法として注目に値しよう．

c. 東急目黒線の地下化と緑道公園の整備　地下化された東急目黒線（旧目蒲線）の不動前駅と洗足駅の間には，地上の軌道跡地を使って整備された 3 つの緑道公園がある．この緑道公園は，目黒線を地下化する連続立体交差事業によって生じた地上空間が利用されている．

写真-4.8　アグリス成城の貸し菜園
（アグリス成城ホームページ）

　連続立体交差事業は，1995 年に始まり，2006 年に完了したが，目黒駅付近から洗足駅付近の約 2.8 km で実施され，高架，堀割，地下の区間が組み合わされて整備されている．3 つの緑道公園は品川区によって整備され，それぞれ概ね 300 m の延長で合計約 900 m あり，地下区間全体 1,890 m の約半分を占めている（**図-4.13**）．**写真-4.9**，**4.10** は，これら 3 つの緑道公園のうち，武蔵小山緑道の様子である．地下化された残りの区間は，駐輪場，駅前広場，駅舎等で構成され，大半の地上空間が活用されている．鉄道高架化による高架下利用が連続する風景とは異なる都市空間の更新形態を見せており，今後の鉄道立体化による地上空間の更新の一つの方向を示していると考えられる．

図-4.13　目黒線路線図

写真-4.9　武蔵小山緑道公園案内図 　　　写真-4.10　武蔵小山緑道公園

d. 東急東横線の地下化と東横フラワー緑道の整備　　東急フラワー緑道は，みなとみらい21線の整備に伴い，東白楽駅と反町駅の中間地点から横浜駅までを地下化した東急東横線の地上部跡地を活用し，横浜市が整備した延長1.4 kmの遊歩道［緑道（公園）］である（**図-4.14**）．みなとみらい21線は2004年に開業したが，この東急フラワー緑道は，横浜市が2005年から徐々に整備，供用し，2011年に高島山トンネルがオープンして全線が完成した（**写真-4.11，4.12**）．

鉄道の連続立体交差化事業による駅周辺整備の一環として整備されたプロムナードと若干趣を異にしている点は，1.4 kmにわたって連続した長い緑道になっている点であろう．

先に述べた東急目黒線の緑道公園と同様，これら緑道は，制度上，道路ではない．鉄道事業者が行政に鉄道用地を無償で貸し，公租公

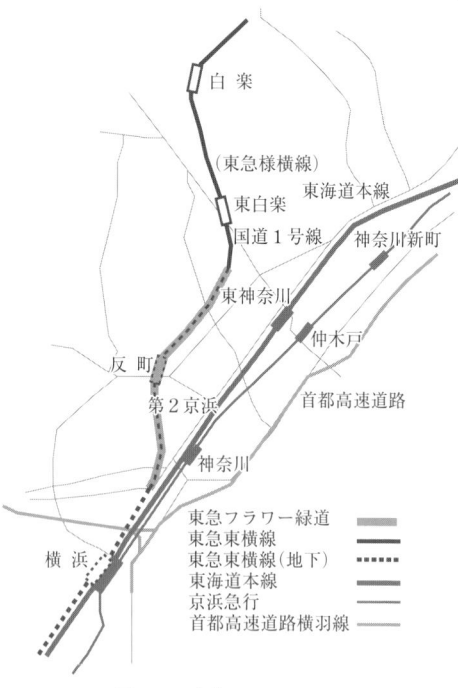

図-4.14　東横フラワーパーク

写真-4.11　東急フラワー緑道(反町駅付近)　　写真-4.12　東急フラワー緑道(高島山トンネル付近)

課が免除される仕組みで整理されているようである．また，鉄道が地上を走っていた時に側道があった所となかった所がある．側道があった所は，そのまま道路に接して緑道あるいは公園となっているが，側道がなかった所は，接する宅地からの出入りは歩行のみである．したがって，ここだけでなく，相模鉄道本線大和駅付近のプロムナード化も同じであるが，鉄道敷きの跡地を活用して遊歩道，緑道等になっている所では共通の悩みが存在する．

4-6　廃線になった鉄道空間の活用

4-6-1　廃線後の様々な利用形態

鉄道廃線跡は，運行していた時代へのノスタルジーと，当時の路線の痕跡を探訪する楽しみから，多くの鉄道ファンを引きつけている．廃線跡の多くは地方にあった鉄道であり，山や渓谷にそのまま残されている路線が多い．廃線になった理由は，利用者の減少から経営が存続できなくなったケースが圧倒的に多い．

ここで取り上げる鉄道の廃線跡は，そのような地方の山の中の路線ではなく，都市地域でサービスしていた鉄道路線であり，廃線跡を都市空間の再構築にうまく活かしている鉄道空間である．道路としての利用をはじめとして，遊歩道となっている中央本線下河原支線(東京都)，バス専用道路として利用している名鉄岡崎

市内線の路面電車，サイクリングロードとして活用している筑波鉄道等，様々な活用がある．一方では，不動産事業者に売却され，細分化されて宅地になった路線や，姫路モノレールのように，当時としては考えも及ばないような斬新な整備手法を取り入れて，建物と一体的に整備しながら，短い時間(1966～1974)で廃止になり，いまでもその遺構を見ることができる路線等，様々なケースがある．

4-6-2　芸術の高架橋(Viaduc de Arts)と緑の遊歩道(Promenade plantée)：パリ

パリの12区，バスチーユ(Bastille)を起点に東方向に向かって約1.5 kmにわたる芸術の高架橋(Viaduc de Arts)と，この高架橋の橋上を利用してヴァンサンヌの森(Bois de Vincennes)に至る約4.5 kmの緑の遊歩道(Promenade plantée)は，今や，パリ市民や観光客にとって魅力あるスポットの一つとなっている．いずれも，廃線になった鉄道施設が，都市の魅力空間へとコンバージョンされた結果である．廃線となった鉄道高架橋の高架上と高架下を同時に新たな都市空間として活用した事例として，最も先駆的であり，注目され成功していると事例である(図-4.15)．

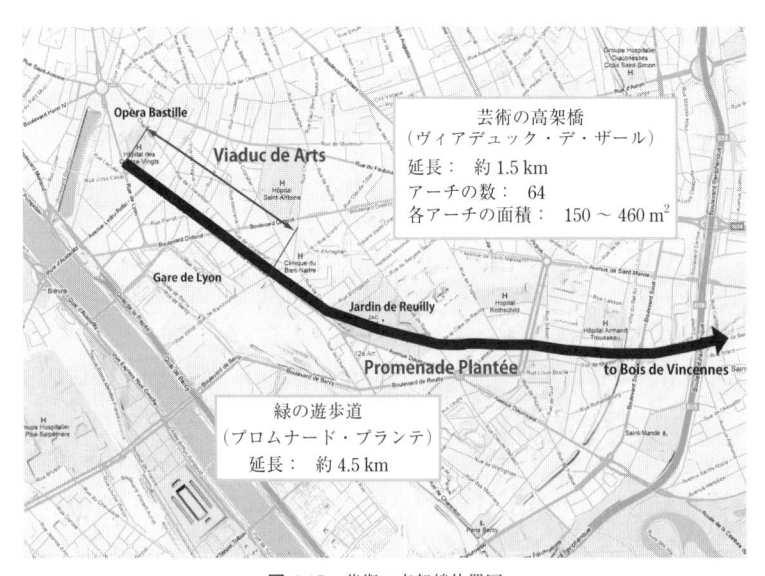

図-4.15　芸術の高架線位置図

そもそもの歴史を辿れば，1853年，ナポレオンⅢ世がバスチーユ広場(Place de la Bastille)をターミナルとする鉄道路線の建設のため，17 kmにわたる土地をパリ・ストラスブール鉄道会社に譲与したことに始まる[21]．この路線はヴァンサンヌ線と呼ばれ，1859年にパリの東方向へ延長54 kmのサービスを開始した．その直前の1858年には，その一部がパリ小環状鉄道(Petite Ceinture)の支線としてナポレオンⅢ世と当時のセーヌ県知事ジョルジュ・オースマンによるパリ改造の一部に組み込まれている．その時起点となったバスチーユ駅は，現在，オペラ・バスチーユ(Opera Bastille)になっている．

1969年，ヴァンサンヌ線は，近くのリヨン駅(Gare de Lyon)をターミナルとするSNCF(フランス国有鉄道)の新しい長距離鉄道，およびRER(イル・ド・フランス地域圏急行鉄道網)A線の供用により，1世紀以上にわたるサービスを閉じた．その後，市の都市計画局を中心に跡地に利用について議論が重ねられた結果，1979年，美しいレンガと石づくりの連続アーチ橋上部は緑の遊歩道(Promenade plantée)の一部として再出発することが決められた．鉄道敷は，1987年にパリ市への売却が完了している[22]．

このようにして，バスチーユ駅はオペラ・バスチーユに変わり，レンガと石のアーチ高架橋上部は緑の遊歩道の一部となり，高架橋下のアーチ部分は展示スペース，工芸家たちのワークショップの空間へと変貌させた(**写真-4.13**，**4.14**)．

写真-4.13　芸術の高架橋　　　　写真-4.14　高架橋上の緑の遊歩道

a. 芸術の高架橋　レンガと石づくりのアーチ高架橋の下を利用した芸術の高架橋は，全長約1.5 kmで，64のアーチで構成されている．市のマスタープランに基づき建築家Patrick Bergerによって，19世紀の歴史を残しつつ，家具職人，

楽器職人，ファッションデザイナー，織物職人，その他芸術に関わる人々とビジネスが集まる一連の新しい空間へと蘇った．

b. 緑の遊歩道　芸術の高架橋の上は緑の遊歩道として整備されたが，レンガのアーチが終わった先も，建物と一体となった高架部分が遊歩道としてリュイリー公園まで続く．このリュイリー公園は，もともとSNCFの貨物ヤードであった所であり，そこからヴァンサンヌ公園に向けては地上の遊歩道になる．このように，19世紀の鉄道敷と高架橋を生かした芸術の高架橋と緑の遊歩道は，歴史を残しつつ，パリ東部に新しい都市デザインによる緑と芸術の回廊をつくりあげている．21世紀における都市空間の再構築という観点からも，鉄道跡地の使い方としてこれ以上ない高い評価を与えることができる．

緑の遊歩道の東には，パリの旧市街地を取り囲むパリ小環状鉄道が廃線のままの空間として残されている．パリにとって，貴重な空間財産であり，将来どのように計画され，活用されていくかが注目される．

4-6-3　ハイライン(High Line)公園とレールバンク制度：ニューヨーク

a. ハイライン公園の概要[24]　ニューヨーク・マンハッタンの西側にあって，南北に続くハイライン公園は，今や，ニューヨークの憩いの場として，遊歩道として，また観光のスポットとして定着し，話題を提供しつつ，熱い視線が注がれている．この公園も，かつては鉄道の高架橋であり，現在，公園の整備が進められているが，その実現は，パリの芸術の高架橋と緑の遊歩道に大きな影響を受けたものと考えられる．

ハイラインの全区間は，マンハッタン西側の食肉加工地区のあるGansevoort St. から10 th Ave.と11 th Ave.の間に挟まれた街区を貫通し，34 th St. まで伸びる約1.45マイル(2.33 km)の延長を持つ．その第1区間(Gansevoort St. からWest 20 th St. まで)が2009年6月9日に，引き続き第2区間(West 20 th St. からWest 30 th St. まで)が2011年8月に公園として一般に公開されている．第3区間(West 30 th St. からWest 34 th St. まで)は2012年9月に着工され，2014年にはその一部区間が公開される予定である(**図-4.16**)．

この鉄道は，鉄道会社(CSX Transportation,Inc.)からニューヨーク市が取得し，

ニューヨーク市のDepartment of Parks and Recreationの管轄のもと，NPOであるFriend of the High Lineと共同で運営されている．

b. 誕生までの経緯　それまで10 th Ave.には食肉加工地区にサービスする貨物鉄道が通っていたが，貨物列車と街路のレベルが同じであったため多くの交通事故が生じ，社会問題となっていた．そこで，この貨物鉄道が除去され，West Side Improvementと呼ばれる巨大な官民インフラのプロジェクトの一部として，1930年代に高架の貨物鉄道「ハイライン」が建設された．路線は，街路の上ではなく，街区の中央を貫通するよう設計され，列車が建物内で工場や倉庫に直接接続できるようにしたため，ミルク，肉，製品等の生や加工した製品が街路レベルの交通を生じることはなくなった．

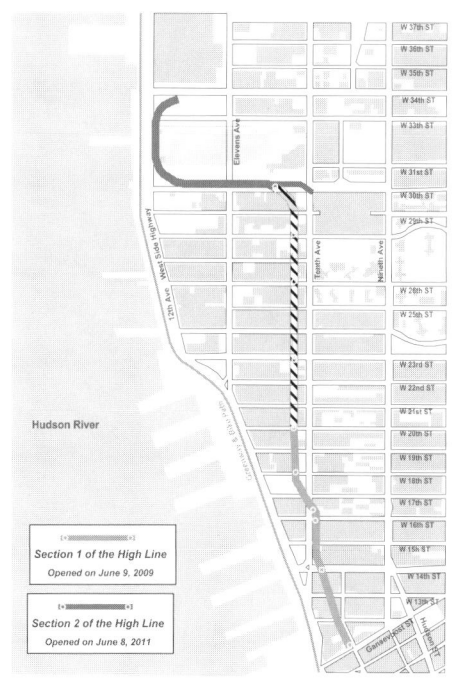

図-4.16　ハイライン位置図

1950年代になると，全国的にもハイラインにとっても，貨物輸送は州際道路が中心となり，鉄道貨物の衰退を招いた．1960年代に入ると，ハイラインの南側の多くの部分が取り壊され，1980年に列車の運行を終了し，廃線となった．

1980年代中頃は，ハイラインの下の土地を所有していた人々のグループが，構造物の撤去のためにロビー活動を活発化させる一方，鉄道の熱烈な愛好者は，法廷で構造物の撤去に反対し，鉄道サービスの復活を試みた．そのような経緯の中で，1999年にハイラインの保存と公共のオープンスペースとしての再利用を支援するNPOのFHL(Friends of the High Line)が設立された．以来，このNPOはニューヨーク市と一緒に高架の公共公園として構造を保存し，維持するために活動し，公園の実現と管理運営に大きな貢献をしてきている．

c. ハイラインの公園の実現を可能にしたレールバンク制度[25]

レールバンク（railbanking）制度は，米国の全国遊歩道システム法（National Trail System Act, 1968）に規定される制度の一つで，1983年の改訂で加わった制度であるが，廃線となった鉄道の路線を暫定的に遊歩道として利用できることを定めている．その背景として，1980年代に入って，米国では鉄道路線の廃止が相次ぎ，将来の鉄道ネットワーク存続が課題とされた．そこで，廃止された鉄道路線を，将来，輸送目的で使用する場合を考慮し，米国の鉄道システムを維持するために何らかの手立てを講じる必要性が連邦議会で議論された．その結果，1983年にレールバンキングと呼ばれるプログラムによって，廃止された鉄道路線を暫定的に遊歩道（trail）として利用できる制度がつくられた．2005年現在，米国33州で廃止された鉄道路線・区間の約4,400マイルがこのレールバンク制度の適用を受けている．

2002年，ニューヨーク市は，連邦陸上運輸委員会（STB；Surface Transportation Board）に，ハイラインの保存と鉄道としての再利用の可能性を条件として，レールバンク制度の適用を申請している．当初，鉄道会社および高架下の土地所有者は，ハイラインの高架構造物の撤去を主張してきたが，2005年，鉄道会社は所有権をニューヨーク市の譲渡し，レールバンク制度の適用が認可され，公園の整備へと進むことになる．

日本においても多くの鉄道路線が廃止されてきたが，当該路線のあった地方公共団体の判断でその跡地利用は決められ，多くは鉄道廃線跡地の愛好者の熱心な視線が注がれるにとどまり，将来の鉄道ネットワークの復活まで見据えた利用は考えてこなかった．そのような意味でも，レールバンク制度は，将来の鉄道ネッ

写真-4.15 ハイライン公園（提供：田中麻起子）

写真-4.16 ハイライン公園（地上から見る）（提供：田中麻起子）

d. ハイラインの公園化の効果　ハイラインは，ニューヨーク市マンハッタン西側の再活性化に大きく貢献し，近隣地区の象徴的な施設となり，民間投資を力強く誘発している．ニューヨーク市は，2005 年，ハイラインの周辺地区の用途地区を再ゾーニングしている．その結果，ハイラインと再ゾーニングの相乗効果により，20 億ドルの民間投資，1 万 2,000 人の雇用，2,558 室の新規住宅，ホテル 1,000 室，42.3 万 ft^2 の新規事務所スペース，8.5 万 ft^2 の新規アート・ギャラリーを誘発している[26]．

2009 年に第 1 区間が公開されて以来，800 万人以上の人々がハイラインに訪れているが，約半分がニューヨーク市民，半分が海外の観光客を含めニューヨーク市民以外となっており，ニューヨークで最も来訪者の多い公共の公園の一つになっている．それを支えているのは，ニューヨーク市との協定のもと，公園予算の 90％以上の資金を集め，日々の維持管理を行っている NPO の Friend of the High Line であり，その役割と貢献があってこそのハイライン公園である[27〜29]．

4-6-4　山下臨港線プロムナード

a. 横浜みなとみらい地区における廃線跡の活用　横浜みなとみらい地区には，「開港の道」と名づけられた遊歩道が，JR 桜木町駅から港の見える公園につながっている．この遊歩道は 2002 年に設定されたが，その途中に鉄道の跡地と高架橋を生かしたプロムナードが 2 つある．一つは，その昔，横浜臨港貨物線の東横浜駅と横浜港駅の区間であった一部 (0.5 km) を「汽車道」として整備した遊歩道である．他の一つは，同じく横浜港駅と山下埠頭を結ぶ貨物線であった山下埠頭線の高架構造物の一部を利用してつくった「山下臨港線プロムナード」である．跡地の使い方は異なるが，いずれもみなとみらい地区において港湾緑地の一部として計画的に整備され，地区の回遊性と魅力を高める主要な歩行動線として機能している[30, 31]（図-4.17）．

b. 汽車道　汽車道は，かつての横浜臨港貨物線の東横浜〜横浜港間 2.57 km の一部を活用して整備された歩行者のためのプロムナードである．歴史的に見ると，この貨物線の区間は，旅客扱いとしても 1920（大正 9）年に開業し，1987 年

第4章 鉄道空間を活用した都市の再整備

図-4.17 横浜みなとみらい地区

に廃止されるまでの約60年の間，横浜港と内陸間の物資を輸送する重要な役割ばかりでなく，旅客輸送の機能も担ってきた．

横浜みなとみらい地区の整備の一貫として，この路線の500 mの区間は遊歩道として整備され，1997年にプロムナードとして供用された．このプロムナードは，敷設当時のアメリカ製他の3つのトラス橋を改修して保存活用し，線路をボードウォーク内に残し，かつての鉄道路線の記憶を残している．また，周辺の水辺と一体となった景観に配慮し，周辺施設の計画・整備と連携して水に囲まれたプロムナードとして独特な景観を生み出している（写真-4.17，4.18）．

全国的には，鉄道廃線跡地を遊歩道として利用し，都市の魅力向上に貢献している事例は多く存在している．そこでは，歩く人々が，かつての鉄道敷きであることが思い起こせるよう，様々な工夫が施されている．都市地域において，鉄道廃線敷の跡地は，線として空間を残しながら，都市の活力を高める可能性を秘めており，そのような意味においても重要である．その形態は，遊歩道はもとより，自転車道，車も走る道路，公園等，様々であるが，線として残すところに価値があろう．

汽車道が他の廃線跡地の遊歩道と異なる点があるとすれば，大規模な計画的開発地区において，地区の全体計画の中でその役割が明確に位置づけられ，景観的にもきわめて効果的に演出されている点にあろう．そのような意味で，汽車道は

写真-4.17 汽車道(その1)(横浜みなとみらい地区)　写真-4.18 汽車道(その2)(横浜みなとみらい地区)

都市における廃線跡の一つの特徴ある利用形態と見ることができる．

c. 山下臨港線プロムナード　山下臨港線プロムナードは，横浜港駅と山下埠頭駅を結ぶ2.1km貨物線であった山下臨港線の高架橋の区間のうち，約500mを残してつくられた遊歩道である．この山下臨港線は，長い歴史があるわけではなく，1963年に山下埠頭の完成に伴い貨物線として1965年に開通した．整備にあたって，この路線が山下公園を通過するため，山下公園と横浜港の景観を損なうことから反対の声が上がったことは有名である．しかし，開通後，物資の輸送が鉄道から道路へとシフトしていく中でその役割は低下していき，1986年に廃止された(**写真-4.19**)．2000年には，山下公園の再整備とともに公園内の高架構造物は撤去され，西側約500mの区間がプロムナードとして整備され，2002年に一般開放された[32]．

この高架橋を利用したプロムナードは，先述の芸術の高架橋に触発されたとも想像されるが，構造物そのものは日本の高度成長期につくられた，とりたてた特徴もないコンクリート構造物である．それでも，横浜港の歴史の一端を思い起こさせ，みなとみらい地区にアクセントを与え，歩行者に横浜港を歩きながら展望する空間を提供している(**写真-4.20，4.21**)．

写真-4.19　山下公園内の山下臨港貨物線[32]

大都市地域ではあるが，時代の流れとして，鉄道空間は平面から高架へ，別線

写真-4.20 山下埠頭線プロムナード(横浜)　　写真-4.21 山下埠頭線プロムナード(高架下から見る)(横浜)

建設も含めて高架から地下へと更新していく方向にある．廃線となった高架鉄道の軌道敷きを地区全体の空間整備の中で位置づけ，歩行者のための空間として線的に活用している点で，廃止された鉄道空間の利用に多くの示唆を与えている．

参考文献

1) 佐藤滋：城下町の近代都市づくり，鹿島出版会，1995
2) 野中勝利：近世城下町を基盤とする地方都市における第2次世界大戦前の都市計画，学位論文(早稲田大学)，1995
3) OECD Guidelines towards Environmentally Sustainable Transport, OECD, 2002
4) M.Bernick and R.Cevero：Transit Villages in the 21th Century, McGraw Hill, 1997 他
5) 屋井鉄雄：交通インフラ整備における官民の役割，東工大土木工学科研究報告，No.58, 1998
6) L.Bertolini and T.Spit：Cities on Rail -The development of railway station areas-, E & FN SPON, 1998
7) 菊池雅彦：駅前広場整備の歴史，都市と交通，No.36, 日本交通計画協会，1995
8) 建設省都市計画課編：駅前広場設計資料，1958
9) 都市計画協会：平成22年度都市計画現況調査結果
10) 浅野光行：市街地形成における駅前広場の役割と課題，トランスポート(運輸省公報)，運輸振興協会，1996.3
11) 建設省都市局都市交通調査室監修：駅前広場計画指針，技報堂出版，1998
12) 浅野光行：駅前広場と街づくり，区画整理士会報，No.151, 全日本区画整理士会，2011.7
13) 浅野光行：駅から広がるまちづくり，区画整理，街づくり区画整理協会，2008.5
14) 国土交通省道路局ホームページ　http://www.mlit.go.jp/road/sisaku/fumikiri/fu_03-3.html
15) 国土交通省都市局：街路交通施設課資料
16) 山本隆昭：鉄道立体交差事業における現状と改善方向，第58回運輸政策コロキウム講演資料，運輸政

策研究機構，2002
17) 浅野光行：鉄道立体化とまちづくり－都市地域の成熟時代における課題と展望－，都市計画，No.259，2006
18) 都市における道路と鉄道との連続立体交差化に関する細目協定，第15条
19) 日本民営鉄道協会：鉄道とまちづくりの連携，2006
20) 松岡，浅野：鉄道高架下空間に見る土地利用形態と住民意識に関する研究，第32回土木計画学研究発表会講演集，土木学会，2005.12
21) Martin Meade：Parisian promenade–viaduct refurbishment in Paris, France，Architectural Review，1996.9
22) Le Viaduc des Arts，web site http://www.viaducdesarts.fr/index.php?lang=en
23) http://www.geocities.jp/lapetiteceinture/index.html 「ラ・プティト・サンチュール－忘れられた鉄道」より
24) High-Official Web site and the High Line & Friends of the High Line http://www.thehighline.org/ 2013.11.14
25) Railbanking and Rail-Trails-A Legacy for the Future-，RAIRS to TRAILS CONSERVANCY，2005.3
26) The Daily Plant：July 25, 2012, The High Line, New York Department of Parks & Recreation
27) Joel Sternfeld：Walking the High Line，Steidl，2009
28) Joshua David & Robert Hammond：High Line-The Inside Story of New York City's Park in the Sky，Farrar，Straus and Ciroux，2011
29) Annik La Farge：On the High Line,Exploring America's Most Original Urban Park，Thomes & Hudson Inc.，2012
30) 長谷川弘和：横浜の鉄道物語－陸蒸気からみなとみらい線まで－，JTBパブリッシング，2004
31) 「地図」で探る横浜の鉄道，横浜都市発展記念館，2011
32) 横浜市緑政局公園部建設課：山下公園再整備事業報告書，都市計画研究所，2002
33) 浅野光行：地域活性化と鉄道，みんてつ，No.8，民営鉄道協会，2003.8
34) 浅野光行：鉄道立体化とまちづくり－大都市近郊鉄道沿線における課題と展望－，みんてつ，No.21，民営鉄道協会，2007.1

第5章　シェアする時代の交通空間

5-1　都市づくりとシェアする視点

5-1-1　「シェア(share)」するとは

　2011年3月11日の東日本大震災は，津波による福島第1原子力発電所の爆発と放射能汚染をもたらし，以来，今日まで日本の今後のエネルギー政策に対し根本的な変更を迫っている．一方で，2013年は，京都議定書の第1約束期間が終了し，地球温暖化対策が新しい局面を迎えることになったが，その間も世界の都市は，グローバル経済競争での生き残りを賭けつつ，サステナブルシティの実現を目指して模索を続けている．日本は，それに加え，今後とも加速する人口減少と高齢社会の到来，さらには財政の継続的な制約の中にあって，今後の都市・地域づくりへの新たな方向を必要としている．

　21世紀の都市地域にとって，環境はもとより，歴史や風土，人材や技術等のすべての地域資源を生かし，新たな「文化」，「知識」，「技術」を創造し，発信できることが，サステナブルな都市としての共通な条件となる．そのような都市・地域の形成に向けて，「シェア」する視点は，21世紀の都市づくりにおける一つの重要な基軸になると考えられる．

　「シェア」とは文字どおり，共有したり共用したりする意味を持つが，日本語で必ずしも適切な言葉が見つけられない．それは，「シェア」の概念が歴史的にも日

本において比較的なじみが少なかったことにもよる．一言で「シェア」する視点と言っても，現代の都市・地域づくりにあっては，きわめて多面的な捉え方をすることができ，事実，その兆しは都市・地域づくりの中の様々な場面で見られる．

まず初めに，ここで「シェア」するとは何かを，おおよそ明らかにしておきたい．ここで「おおよそ」とするのは，言葉の概念を明確にしておくことは議論の展開に不可欠であるが，言葉の定義にあまり厳密にこだわりすぎると，議論の入口まで辿り着かないことがしばしばあるからである．

「シェア」には大きく分けて2つの意味がある．一つは，企業における製品の占有率(market share)を意味し，日常的に用いられている．もう一つは，何かを他人とともに一緒に用いたり楽しんだり，考えや感情を分かち合う意味に捉えられ，「共有」「共用」「共生」「共感」といった意味を広く包含するものと理解される．本書で用いる「シェア」は後者を指すが，シェアすること，すなわち「シェアリング」は，近年，次のような使われ方がされている．

- ワークシェア：雇用調整の方法の一つとして，1人当りの労働量を減らして仕事を分かち合う．
- タイムシェア：リゾート施設等を何人かで時間で分割，共有するシステムにおいて使われる．
- タイムシェアリングシステム：コンピュータの世界で，一つの大型コンピュータを複数の利用者が同時に利用するシステムを言う．
- ルームシェア：米国においてごく普通の居住形態の一つとなっており，一つ一つの住宅に，親族関係や恋愛関係にない他人同士が共同して居住することを指す．日本でも近年注目され，シェアハウスは広まりつつある．
- カーシェアリング：車を所有して使うのではなく，複数の人または組織で車を共同利用するシステムのことを言う．

このシェア(share)の対義語として用いられる言葉としては，分離，分裂，分割，分ける(divide, segment, separate, split)等が挙げられよう．ここでは，シェアの対比にスプリットの表現を用いることとし，スプリットとシェアの視点から都市づくりの局面を考察してみたい．ただ，シェアとスプリットが表裏一体の関係にあることも，十分留意する必要がある．

「シェア」は，何も物的な環境のみならず，人材，歴史，文化，風土等，あらゆる地域資源に広がる可能性を持つ．加えて，「シェア」する視点は，現代が抱える

課題と将来への計画が織りなすテクスチャーを解き明かす鍵となり，ひいては都市計画の新たな方向を示唆する可能性を秘めている．事実,「シェア」するきざしは，都市づくりにおいていくつかの側面であることがわかる．都市をこの「シェア」する視点から点検することにより，21世紀の都市・地域づくりに関して新たな方向へのきっかけづくりとなることを願うものである(**図-5.1**).

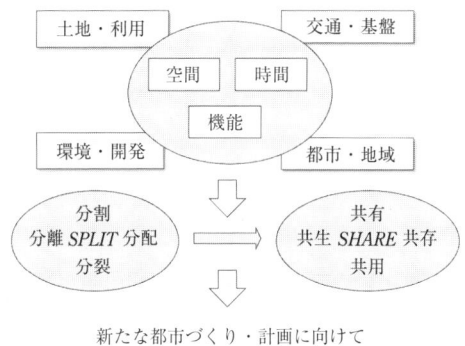

図-5.1 都市づくりとシェア

5-1-2 環境，開発とシェア

　私たちは，地球という惑星において，有限な資源のもと，ともに住み、環境をシェアしている．地球レベルの環境は分割できるものではなく，常に共有されるべき性格を有する．日本は，世界でも数少ない自然に恵まれた国の一つであり，歴史を通して，長い間この優れた自然環境を当たり前のように享受してきた．しかしながら，人々，企業，国，それぞれのレベルでの自由な活動は，気がつかない間に有限である地球環境を劣化させてきている．それは，より具体的に有限な資源の枯渇と劣化がそれぞれの主体に直接的に感じ取れるまで，対応がとりにくい．

　地球レベルの環境は,「コモンズの悲劇」(G.Hardin, Science, 162, 1968)における論旨にも通じたところがある．すなわち，イギリス中世の牧草地を例にとって，個人の所有権が明確に規定されていないため，共有地は必然的に過度に利用され，牧草は枯渇し，牧草地は消滅せざるを得ないというものである．この論文は，後に多くの批判を受けることになったが，私有制と市場機構の効率性の問題に関して一石を投じたとされる．環境の構成要素に関して，その持続的な利用とそこから生み出されるサービスの公正な配分とを実現する，効率的な社会的組織と行動原則とが必要とされる[1]．

　少し都市地域のことまでスケールを落としてみよう．空気，水，緑をはじめと

する自然環境，気候，風土，景観は，それぞれの都市や地域が持つ貴重で有限な財産であり，そのような環境は，地域内に閉じたものとしてだけでなく，地域外にわたって共有しているはずである．にもかかわらず，都市の開発は，里山をつぶす宅地開発はもとより，わずかな公開空地の提供を引替えに高容積と高密度の開発を市場経済の合理性の名の下に進め，シェアすべき有限な都市環境を早い者勝ちで食いつぶしている．

環境と開発の折合いは，1972年に開催された国連のストックホルムの人間環境会議で初めて国際レベルで討議されることになった．それは，いわゆる南北問題として象徴的であったが，時間を経過したポスト議定書の議論においても基本になる問題は変わっていない．

そのような中で，国連の環境と開発に関する世界委員会で出された Brundtland Report "Our Common Future" (1987) は，環境と開発の折合いを "Sustainable Development" という概念で定義した．すなわち，「definition of sustainable development as development that "meets the needs of the present without compromising the ability of future generations to meet their own needs"」である．

これは，持続可能な開発が世代間にわたって環境をシェアすべきことを意味し，環境は単に現在の地域の広がりの中で共有するだけでなく，我々が時間を通して，また時代を通してシェアすべき資源であることを示している．

5-1-3 土地利用計画と空間のスプリット

日本の都市計画は，西欧近代都市を一つのモデルとして制度設計がされた．都市計画区域という一つの日常生活圏のまとまりの中で，都市は，市街化区域と市街化調整区域に分けられ，市街化区域の中では12の用途地域が定められ，用途の純化，分離の原則のもとに組み立てられてきた．その根底にあったのは，工場等の住環境を阻害する要素を住宅地から排除し，良好な住環境を維持することにあり，都市の土地利用計画は，建物の用途，容積の制限によって都市空間をスプリットすることであったと理解される．

日本の用途地域制度は，諸外国に比較して制限が緩く，混在を容認したものであったが，それでも常に土地利用の混在を悪として混在の解消を目標に掲げてきた[2]．その結果，住宅地は，郊外で農地を浸食しつつ低密度に広がり，人の住ま

ない中心市街地は商業, 業務機能へ特化し, 結果として地方都市の中心市街地の衰退を招くことになった.

近年の都市における産業構造の変化は, 従来の土地利用用途の分離から, 都心居住の流れに見られるように, 職住の融合であったり, 多様な用途の混在を許容する方向へと明らかな変化を見せている. 高密度, 混合用途(mixed use), および公共交通を3本柱にするコンパクトシティの都市像にもそれが現れていると見ることができ, その意味では, 土地利用はスプリットの時代からシェアの方向へと向かっていると言えよう.

5-1-4 土地所有のスプリット化と共同利用

日本には, 江戸時代以前から「入会(いりあい)」の制度と仕組みが機能していた. それは, 農山村集落の住民が, 所有権の存在しない土地(共有地)である一定の範囲の森林・原野に入って共同利用する仕組みで, 土地を所有するのではなく, 利用権のみが付与され, 入会制度の下で利用のルールが定められ管理が行われてきた[3]. これが, 現在「里山」と呼ばれるところである. 明治以降, 土地の所有権が明確にされるに従い, 入会権は消滅の方向に進んでいった. 里山の土地は, 共有から個有(国有, 公有を含めて)へ, そして分割されて開発へと進んだ一つのパターンである.

都市の宅地は, この半世紀, 細分化の道を歩んできた. この何年かは, 小規模宅地の所有者数はその増加の速度を緩めているものの, 相続に伴う宅地の細分化を筆頭に, 土地所有の細分化は依然として続いている. いとも簡単に宅地所有の細分化が進む一方で, 都市づくりにおいては, いったん細分化した宅地を統合したり, 複数の土地所有者による建物の共同化, 再開発事業の実施には莫大な時間とエネルギーを必要とする. それが街づくりであると言えばそれまでであるが, 何とももったいないと考えざるを得ない. 都市づくりにおいて, 最小宅地規模の規定は, 零細宅地の増加に一定の歯止めの役割を果たすが, それ以前に, 建物の共同化等を伴わない土地の分割や細分化された土地の共同利用に対しては, 税制も含めたより強い制度的な踏込みが不可欠である.

マンション等に適用される区分所有法では, 1983年の改正時に新しく「敷地利用権」という考え方を用い, 建物の区分所有権と敷地についての権利は, 原則と

して一体であり，切り離せないものとされた．このような一つの敷地にある建物空間の分割だけではなく，土地の統合，建物の共有，また共同利用に関してさらなる工夫の積み重ねが重要となろう．

5-1-5 「公と私」，「官と民」の空間シェア

　公共空間と私的空間の論議において，公共空間，すなわちパブリックな空間は「みんなのための空間」であるが，同時にそれは「誰のものでもない」，「何者にも属さない」空間という認識が当然のごとく言われる．もし，それが真実であるとすれば，日本の都市空間は今後どのようになっていくのであろうか．

　本来，公共空間は，市民がともに住み，活動するにあたって必要となる共有の空間である．したがって，その空間の確保，使い方に関しては，デザインも含め市民が決定し，利用すべきものと考えられる．なぜ，「誰のものでもない」空間として認識されるのであろうか．

　私的空間に関しては，繊細なまでに清潔さと気配りをしつつ，空間の設えと秩序を大事にする反面，いったん公共空間に出ると，ゴミを捨てる，唾を吐く，タバコの吸い殻を投げ捨てるなど，自分には無関係な空間として行動をする．「誰のものでもない空間」を如実に示している．

　かつて，家の前の道路は共同の生活の庭となり，私的生活と公共空間とが見事に調和した生活空間をつくり上げていた．それがいつの間にか，私的な空間と公共の空間がはっきり分離されてしまった．多分，その調和を乱し，何か対立関係のようにしたのは，自動車の普及にも原因を求めることができよう．社会学的に見ると，集団としての全体の生活空間が狭くなればなるほど，そこで生活する人々は自分の占有空間を囲って防衛的になるといわれている．日本の都市は，居住密度が高いうえに，公共空間が必ずしも豊ではないことから，人々はやっと手に入れた自分のわずかな空間に引きこもり，私的空間と公共空間を明確に切り分けて行動をする．

　公共空間がパブリックというより，「官」の空間という認識が強いことも一因と考えられる．官に対する民の構図も，日本の歴史の中で長い間に培われたものであり，そう一朝一夕に変えることは難しい．都市づくりに関しても，近年まで中央政府の都市計画の下に進められ，地方行政機関が委託された請負機関として機

能してきた.住民は都市計画に協力すべき存在であり,地方公共団体は住民の意見を吸い上げるのではなく,説得する役割を演じてきた[4].その長い歴史の中で,上意下達,お上に従う,行政に任せておくなどが国民の意識の深いところで根づいてしまい,行政,市民ともそこからなかなか抜け出せないのも事実である.

公共空間の新たな確保は,今後,ますます困難になってくる.そこで,必要な公共空間を確保するため,民有空間を活用できるように様々な制度的な拡充がなされてきた.しかしながら,その多くは官の理論と公物管理の制度を優先するもので,公的空間を民間とともに利用することに関しては,きわめて限定的という状況にある.

指定管理者制度のさらなる柔軟な活用にとどまらず,公と私,官と民の中間領域にあって,次世代に向けたコモンズとも言える都市空間の位置づけと管理方策に関し積極的な対応が望まれる(**図-5.2**).

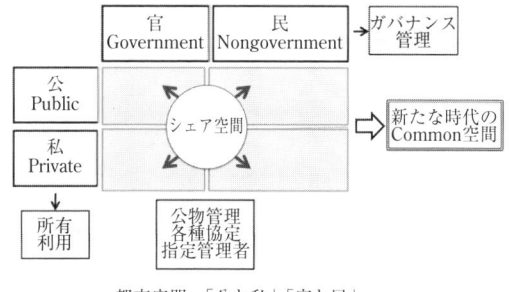

図-5.2 都市空間の区分

5-1-6 交通計画とシェアする視点

「異なる機能の交通を分離する」は,「地域に用のない交通(通過交通)を排除する」とともに,交通計画における数少ない原則に一つである.交通計画の歴史にあって,歩行者と自動車の分離は,20世紀後半の半世紀における大命題であった.自動車専用道路,歩道と車道の分離,歩行者や自転車のための専用道路等,すべては安全と効率の観点から自動車と歩行者の空間的な分離を意図したものであった.

1970年代後半,オランダのボンネルフに端を発し,ヨーロッパを中心に広がった歩車共存道路の考え方は,それまでの歩車分離を中心にしてきた交通計画の考えに一石を投じたものであった.それは,同じ道路空間内で自動車と歩行者を分離させるのではなく,あえて混在させながら共存できる空間を目指している.この背景には,歴史的に道路空間の基盤が整ったヨーロッパの都市でさえ,自動

車利用の限りのない需要には応えられなかったことが挙げられる[5]．

この歩車共存道路の思想は，近年，後に詳述する EU の諸都市で広まりつつある「シェアド・スペース」よってさらに進化している．シェアド・スペースは，道路内で交通手段が空間的に分離されているために自動車や自転車が速度を上げ，結果として交通事故を多発させることを基本的認識としている．また，歩行者はガードレールの中に閉じこめられ，くつろいだり遊ぶこともできないこともシェアド・スペースの背景になっている．そこで，歩車共存道路における安全確保のための各種デバイスを極力排除し，自動車利用者，自転車利用者，および歩行者が一つの空間をシェアし，それぞれお互いを配慮し，気遣いながら行動する空間づくりを目指そうとしているのがシェアド・スペースである（**写真-5.1**）[6]．

写真-5.1 ボームテ（ドイツ）のシェアド・スペース（NPR News, Jan. 19, 2008）

一方，近年，ヨーロッパを中心に多くの都市で路面電車を復活させ，また新路線を開発している．この流れの背景には，自動車依存の軽減と都市活性化という中心課題が存在するが，同時に，限られた都市の道路空間をいかに多くの交通手段でシェアするかの視点も大きく関係する．シェアする視点は，何も道路空間にとどまらない．近年，欧米ばかりでなく，日本でも急速に普及が進みつつあるカーシェアリングを例にとるまでもなく，個人交通手段である自動車や自転車を共有したり共用したりすることもシェアの一つの方向である．

5-1-7 地域のシェアと連携

都市，地域，地区，また国という広域のレベルのどれ一つとっても，それぞれの地域の広がりの内ですべての機能を完結することはできない．言い換えれば，それぞれの地域は，地域外とのつながりと連携を必要としている．一口に地域の連携と言っても，次に示すように多岐にわたり，またそれぞれのバリエーションも多岐にわたる．都市づくりにおいて，そのような連携をいかに生み出し活用す

るかの視点は，今後，ますます重要になる．

・同じ課題を抱えている地域同士が情報を共有しながら連携する
・地域が不足する機能を補完し合う
・異なる地域と文化や人材，また経済等の交流を図る
・地域を越えた広域施設を共同で使用，運営を行う
・規模のメリットを享受するために共同で運営する
・地域内で異なる機能が連携して活性化につなげる

日本では，多くの都市が平成の大合併を経て行政区域を拡大させた．拡大した市域において，異なる地域特性相互をいかに一つの都市として一体的に調和できるかは，大きな課題であろう．また，地方分権の進展とともに，ほぼすべての機能を備えた，いわゆる1セット装備型の都市は，都市経営の側面からも非効率となる．経済，医療・福祉，教育，文化等の様々な連携によって，一つの都市が地域外を含めて多重の地域圏を形成していく方向にあり，都市づくりでそれらをどのように受け止めていくかが課題である（**図-5.3**）．

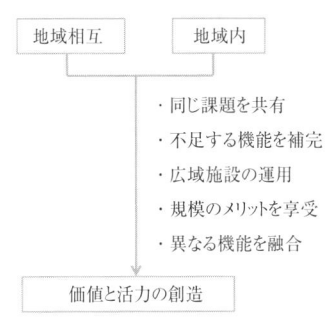

図-5.3 地域の連携とシェア

地域相互　地域内
・同じ課題を共有
・不足する機能を補完
・広域施設の運用
・規模のメリットを享受
・異なる機能を融合
価値と活力の創造

5-1-8　都市づくりにおける時間と価値の共有

今後とも，我々は好むと好まざるとにかかわらず，現在の都市地域を引き継ぐことになる．20世紀には，時間の経過とともに都市地域の変化は速度を上げ，10年という単位で見たとしても，ドラスティックに姿を変えてきた．それでも，歴史に蓄積された都市の姿は連続的であり，今後とも，戦争や震災を含む大災害を別とすれば，カタストロフィックな変化は想定しにくい．

21世紀，都市計画プランナーは，都市地域というキャンバスに将来に向けていかなる都市の姿を描くことができるのであろうか．都市づくりは，時間の流れの中で進められる．都市は一朝一夕にして形成されるものではなく，歴史を通して蓄積され，歴史の積上げの結果として今日がある．計画は，それを土台に将来のあるべき姿を追求する．

そのような意味で，都市づくりは時間，時代と歴史，そして遺産を引き継ぎ，どのように将来へ受け渡すかの仕事でもある．ある目標年次の静的な将来の姿よりも，時間とともに動的に変わりゆく都市を的確に捉えることが何より求められる．わが国の都市計画も動的な対応へと舵を切り替えてきたが，迎えくる時代の流れに応えられる静と動のバランスがさらに必要となろう[7]．

一方，都市づくりは，着実にスプリットする時代から，あるべき論を含めてシェアする時代への兆しが見られる．このように，シェアする視点から都市づくりを見ていくと，多くの課題が浮かび上がる．共通していることは，都市，地域における諸課題について，市民が自らのこととして価値を共有できるかに懸かっていることである．都市地域が成熟化に向かうにつれ，人々の持つ価値観は多様化し，自らの価値観に基づいて行動を行うことになる．その中で共有できる価値は何か，異なる価値をどこまで包容できるかなど，現代社会の持つ根幹にたどりつくことにもなる．そのような意味で，都市づくりに携わる行政，プランナー，専門家の役割と責務はますます大きくなる[8]．

5-2 街路空間の新たなデザイン「シェアド・スペース」

5-2-1 シェアド・スペースとは

シェアド・スペース(Shared Space)は，近年ヨーロッパに広がりつつある比較的新しい街路空間の使い方に関する概念である．人々の街路空間での様々な行動と，街路における自動車交通との調和を目指した街路空間のあり方を目指しており，パブリックスペースのデザイン，運用，および維持のための新しい考え方と原則をもとにしている．その最も特徴となる点は，これまでの伝統的な交通信号，標識，路面のマーキング，ハンプや障害物等を街路空間からできる限り取り除こうとすることにある．このシェアド・スペースは，後に詳述するが，EUが支援する社会実験プロジェクトにつけられた名称で，その概念は，プロジェクトの名称を超えて広く使われるようになっている．

5-2-2 シェアド・スペース：その基本となる考え方[9]

　人々が生活する都市のスペースは，私的に所有されている空間と，公的に使われてきた空間がある．この公的な空間の中で，公共空間として重要な役割を持ってきた街路空間は，モータリゼーションの進展とともに自動車交通の機能に特化した空間が大勢を占め，人々が多様な社会活動を行うパブリックスペースとしての空間を少なくしていった．一方，人々は多様な社会活動を行うパブリックスペースを必要とし，ヒューマンスペース（自動車交通の機能を満たす空間ではなく，人間としての必要性から生じるパブリックスペース）の不足は，個人の生活の質の制約となり，崩壊につながることが，シェアド・スペースの考えの根本にある．

　シェアド・スペースは，街路空間を2つの空間に区分し，そこでの人々の行動を3つに区別している（図-5.4）．多様で多目的な社会的行動（social behavior）が行われるパブリックスペースは，人間とコミュニケーションを中心に形成された空間である．一方，交通行動（traffic behavior）のための自動車空間は，交通の流れと速い移動を中心にした空間である．単一目的の自動車空間とは違って，多目的なパブリックスペースは，居住，仕事，移動，自然保護，観光や文化等に関わる行動が様々に行われる空間で，文化的であり，豊かである．

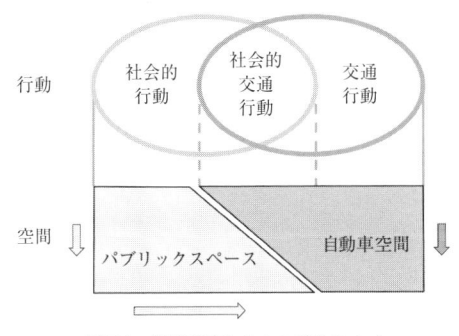

図-5.4　街路空間と人々の行動タイプ

　ここで，図-5.4に示す社会的行動と交通行動が両方可能である社会的交通行動（social traffic behavior）は，行動の統一した基準を持たないため，誤解と交通事故が発生しやすい．そのため，この曖昧空間である社会的交通行動の空間は，なるべく少なくなることが求められる．例えば，歩行者が交通ルールを守ってくれると期待している自動車と，自分のペースに合わせてゆっくり走ってくれることを期待している歩行者に，同一の空間を使わさないようにすべきと，考えている．シェアド・スペースは，社会的交通行動をできるだけ少なくし，社会的行動のためのパブリックスペースの拡大を目指していると言えよう．

シェアド・スペースでは，街路の適切な空間形成を実現するために，速い交通の流れではなく，空間利用を空間デザインによる判断基準によることを求めている．特に，「人々が交流する場」として位置づけられるパブリックスペースでは，人々のコミュニケーションに基づく社会的行動を可能にし，交通ルールを少なくすることが必要とされる．逆に，「速い移動」を目的とした自動車空間では，公共空間における社会的行動を目的にした人が入り込まないように整備し，コミュニケーションを必要としない交通ルールを重視するのが大切である．

しかしながら，空間から得られる情報と標識から得られる情報が矛盾する場合は，標識が示す交通ルールを守らない傾向がある．例えば，子供がほとんどいない道路に「子供に要注意」の標識を立てても，標識を無視する人は多い．逆に，遠くから見やすく，子供が歩いている学校がある場合は，運転者は注意して，速度を自然に落とす．同様に，交通ルールがほとんどない「多目的な公共空間」内では，運転者は周辺の状況を読み，判断しながら運転することが必要であるため，自動車交通の走行速度が落ち，子供が道路内で遊ぶこともできる．その結果，子供たちが車道に飛び出さないように子供専用の遊び場を整備することも不要になる．

このように，シェアド・スペースは，これまでの考え方とは異なり，街路空間の機能による分離ではなく，空間をシェアしようとするところに特徴がある．

5-2-3　シェアド・スペース5つの戦略 [9)]

a. 街路空間のデザインで利用者に情報を提供　　沿道を含めて，街路空間の使い方と人の行動パターンが空間デザインを見て想像できれば，交通ルールを示す標識は不要になるであろう．しかしながら，街路空間のデザインが各国各地で画一化しているため，「空間用途が読める」街路は少なくなっている．ハンプ，交通島や標識等が自動車交通を制限する目的を持っているとしても，結果的には，市街地内での交通の流れを安全で効率的にするのが中心課題とされて，運転者にとって，街の特徴や住民の生活パターンが読取り難くなっている．そのような自動車交通に奪われた空間を，人々の多様な活動空間へと取り戻すために，交通ルールを決めるのではなく，デザインによって空間の内容を人々に知らせながら，空間内でどのような行動が期待されているかを伝えることが重要である．

b. ルールの解消とコミュニケーションの重視　　交通事故の60〜70%は，優先

権を守らない自己中心の行為から発生するので，コミュニケーションの不足が多くの交通事故の原因になっていると言える．パブリックスペース内では，特定な車両や移動方向に優先権を与えるのではなく，街路利用者が皆で情報交換を行い，移動の順番を合意して決めることが重要であるとしている．そのためには，すべての歩行者と車両が，お互いを早めに認識できる空間形成が必要である．

シェアド・スペースでは，ヨーロッパで考えられてきたことから，基本的に下の3つの交通ルールを守ることとされている．

・右側通行
・右の道路から来た車両に優先権
・お互いへの思いやり

これまでに整備されたシェアド・スペースの考えに基づく交差点における速度を見ると，結果的に30 km/時以下に低下した一方で，運転者が「自動車いじめ」と反発して，速度低下につながらないケースも多いことが報告されている．

c. 皆で行うデザインと皆で担う責任　政治家，行政，専門家，様々な団体と一般住民が同等なパートナーになり，皆で整備デザインを考え，責任を担うことが重要であるとしている．

d. 細かいデザイン要素への目配り　建設材料の色や特徴，ストリートファーニチャーや照明器具等により利用者に情報を与えることができるので，その選択を適切かつ慎重に行うべきであると，述べられている．「モダン」なデザインは近いうちに「古くさく」なるので，モダンなデザインをなるべく避けるべきともしている．さらに，地域と景観の特徴と調和した材料や色の選択が重要であることを強調している．

e. 不安感を与えてこその交通安全　専用車線等により安心感が生じると，車両の走行速度が速くなり，重大な交通事故が発生しやすい．その一方で，どうすればよいかがわからない時，また他の人がどう行動するかを見極められない時，人々は，周辺の様子に気を配り，ゆっくりと動く傾向がある．

これらに加えて，それぞれの市街地にふさわしい交通行動を促すために，シェアド・スペースの実行にあたっては，

1) 空間の用途を適切に判断するための関連行政機関や関連団体を含む住民の計画参加，

2) 建築，都市計画，景観，交通，心理学等のあらゆる分野の専門家の計画への参加．
3) 従来の各専門分野の「縦割り計画」ではなく，すべての利害関係や専門知識を包括的に取り組むプロジェクト設計．

等が必要とされている．

5-2-4 シェアド・スペースプロジェクトの誕生 [10, 11]

1970年代以降，街路空間はますます人々から離れ，人との出会いが少なくなり，多くの街路は自動車交通のみに偏っていった．このシェアド・スペースプロジェクトは，車を否定こそしないが，「自動車」よりは「人間」を重視し，良質の生活空間を取り戻すため，徹底的な歩車共存と多様な空間の実現を目指したプロジェクトである．シェアド・スペースプロジェクトは，2004～08年に次のEUの6都市と1地方の参加により行われたが，北海沿岸にあるEU国家間の空間開発に関する交流と意見交換を深めるためのInterreg ⅢBから補助を受けて誕生した（図-5.5）．

・エッメン（Emmen）　　　オランダ
・ハレン（Haren）　　　　オランダ

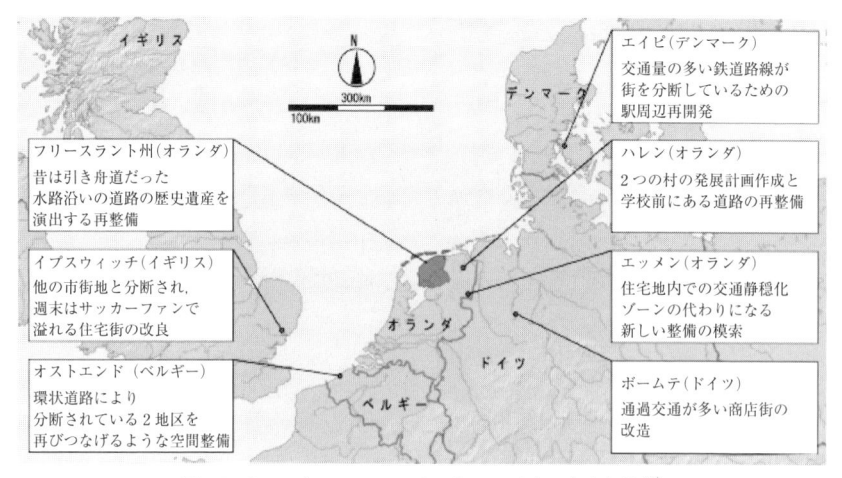

図-5.5 シェアド・スペースプロジェクの参加の都市と州 [16]

- フリースラント(Friesland)　　オランダ
- オストエンド(Ostende)　　ベルギー
- ボームテ(Bohmte)　　ドイツ
- エイビ(Ejby)　　デンマーク
- イプスウィッチ(Ipswich)　　イギリス

「シェアド・スペース」の生みの親は，当時，オランダのフローニンゲン(Groningen)にあるコイニング研究所(Keuning Institut)の交通技術者で，シェアド・スペースプロジェクトの責任者となったハンス・モンダーマン(Hans Monderman,1945-2008)である．1970年代の後半，オランダでボンネルフ(Woonelf；生活の庭)への関心が薄れる中，オランダ北部のフリースラント(Frieland)地方で交通安全の責任者に任命されたモンダーマンは，15年間にわたる交差点等の整備の経験を通してシェアド・スペースの考えを徐々に具体化していった．

モンダーマンは，交通静穏化や安全のための道路デバイスの導入といった従来の対策に納得していなかった．そこで，道路のマーキング，標識，シケインおよびハンプを意図的に撤去し，車が走行する速度レベルを落として，各地域の歴史や文脈を強調する単純なデザインや景観の対策による実験を始めた．モンダーマンの考え方に基づく交差点は，2005年までに107箇所整備されたが，重傷者や死亡者の事故はその間に起こらなかったと報告されている．

中でも，2000年，オランダ北部のドラフテン(Drachten)に整備された交差点(交通量，約2万2,000台/日)は，シェアド・スペースのパイオニアとして位置づけられている(**写真-5.2，5.3**)．これまで慣れ親しんできた空間が急に変わったため，人々はとまどい，交通事故の数が増えると考えられていた．しかしながら，

写真-5.2　ドラフテンの交差点(改良前)[6]　　**写真-5.3**　ドラフテンの交差点(改良後)[6]

景観が良くなり，交通渋滞もなく，安心して歩ける空間ができ，交通事故もほとんど発生しない結果となった．自転車や歩行者はもとより，自動車も，交通標識と路面表示のない，赤く舗装されている交差点を好き勝手に通ることができるようになった．

　モンダーマンの考え方によると，街の中を運転するにあたっては，「思いやり」のルールが重要で，交通のルールが多ければ多いほど，歩行者と自転車の立場が不利になるとしている．交通ルール，歩車分離や様々なハード整備により，交通工学は交通の速度を上げることを目指している．その結果，歩行者，自転車やスケートボード等の空間が犠牲になり，住宅から 15 km 以内に発生する交通事故の多くの原因は，速い速度で移動する時のコミュニケーションの不足であると，氏は指摘し，交通の減速を主張している．さらに，歩車分離により，お互いのことを「いるはずがない」と思い込み，歩行者と自動車が出会う時に交通事故のリスクが最大になる．その一方で，人はお互いに目を合わせて合意を目指すことが必要で，不安があってこそ交通が減速し，安全になるとしている．

5-2-5　シェアド・スペースの広がりと展開

　シェアド・スペースの考えに基づく整備は，オランダをはじめとする交通量の少ない地方都市に限らない．ロンドン市長がケンジントン・ハイ・ストリート（Kensington High Street）にシェアド・スペースを実験的(2年間)に導入した時，交通事故が増えるおそれからの反対は激しかったが，整備後の事故発生は 60％も減少する結果となったと報告されている(**写真-5.4**)．その後，同じロンドンの

写真-5.4　ケンジントン・ハイ・ストリート(ロンドン)（Olivia Woodhouse 提供）

写真-5.5　エクジビジョン・ロード(ロンドン)（Olivia Woodhouse 提供）

エクジビジョン・ロード(Exhibition Road)にも導入され，定着している(**写真-5.5**)．モンダーマンが関わらない取組みもある．デンマークの地方自治体であるキリストイアンスフェルト(Christiansfeld)では，独自の取組みで幹線道路の交差点における信号機と標識を撤去したが，交通事故の発生数は減少していると報告されている[12,13]．

シェアド・スペースプロジェクト(2004〜08)の評価は，2009年の評価報告書にまとめられているが[11]，シェアド・スペースの考え方の基づく街路空間のデザインがEU諸国の中で広がりを見せたことから，高い評価を受けたと理解できよう．さらに，米国のニューアーバニズムの機関誌「New Urban News」の2008年10/11月号には"Shared Space's streets cross the Atlantic"(シェアド・スペース大西洋を渡る)と題した記事が掲載され，シアトル，ポートランド，サンフランシスコ等の西海岸，ニューヨーク，ケンブリッジ(MA)等の東海岸での街路のデザインに見られるようになっている[14]．日本でも，2011年2月には京都市内でシェアド・スペースの社会実験が行われ，関心の広がりを見せている．

「パブリック・スペースにおける市民相互のアイコンタクトで得られる合意は自由な国で得られる最も質の高いものである」と言うモンダーマンの詩的で高い志にどのように応えられるか，今後に向けて検討する価値は高い．

5.3 交通手段をシェアする

5-3-1 「持つ」時代から「シェアする」時代へ

近年，大都市を中心に若者の自動車離れが言われて久しいが[17,18]，その背景として，若者の平均給与の伸び悩みや，車への関心度の低下等，様々な要因が指摘されている．それと時期を同じくするように，カーシェアリングの利用者はこの数年で急激に増加しており，カーシェアリングがそれらの受け皿になって急増しているという意見も多くある．それに加えて，人々の生活感や価値観が多様化している現在，大都市では若者だけではなく，幅広い世代を通してこれまでのような車を所有することへのこだわりがなくなっているように見受けられる．団塊

世代の人々が退職後の生活を送るようになって，車の維持がそれほど重要ではなくなっている人も増えているのも事実である．

「シェア」という言葉は，共有，共用，共生，共存等の幅広い意味を持っている．日本人の国民性として，昔ながらのコミュニティや，よく知り合った人々の間では，生活の様々な場面で共有や共用はごく自然に行われてきた．しかし，社会全体として，また知らない人同士では，このシェアすることはなじみないものであったと思われる．そのような意味で，カーシェアリングは，他人同士が共同で居住するルームシェアや会員制リゾートのタイムシェア等とともに，わが国ではこれまでになかった比較的新しい考えに基づくシステムと言える．

もともと日本人は，見ず知らずの他人と何かを共有したり共用したりすることにきわめて繊細である．また，個人で所有し，好きな時に自分の都合で確実に利用できることにこだわりを持ってきた．したがって，日常の移動にカーシェアリングを利用することは考えにくかったと思われる．その傾向に対して変化を促しているのは，近年の社会構造の変化や，低迷する経済状況と環境問題と言えよう．そのような意味で，来るべき日本の社会を，成熟化とシェアする時代の到来という視点で見ると，近い将来，カーシェアリングの普及がさらに進み，都市の新しい交通手段の一つとして定着する可能性は大いにあると考えられる．

5-3-2　カーシェアリングの仕組みと普及の足跡

平日，都心では多くの車が事務所ビルの車庫で休んでいる．また，営業用の車は，昼間目一杯走り回り，夜は都心部での駐車料金が高いため，社員に郊外の家に持ち帰らせる会社も多い．一方，住宅地では，平日，多くの車が全く使われないままに車庫や駐車場に眠ったままになっている．そのような状況の中で，近年の日本の経済状況や環境への意識の高まりから，このカーシェアリングが注目され，利用者が急速に増えていると考えられる．

既に周知のとおり，カーシェアリングは車を所有して使うのではなく，複数の人または組織で車を共同利用するシステムである．都市における会員制による短時間のレンタカーシステムのようなもので，バリエーションは様々あるが，その基本的な仕組みは図-5.6に示すとおりである．

運営する組織は会社であったり，NPO法人であったりするが，車両とその置

き場(ステーション)を用意し，予約制で車の貸し出しを行う．通常，利用者は入会金を支払って会員となり，月会費および利用時間と走行距離に応じた料金を支払う．利用する人にとっては，車の購入費，税金，駐車場(車庫)代，ガソリン代，維持管理費等が不要となる．そのため，個人負担の費用は，使い方にもよるが，車を保有して利用するのと比べ相当

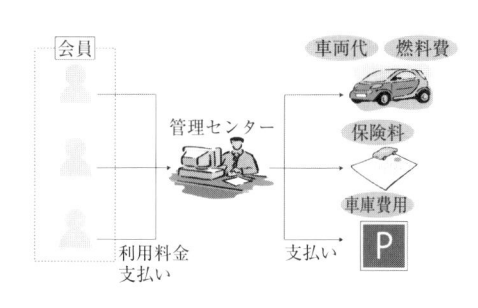

図-5.6 カーシェアリングの仕組み

安くて済む．車種や使い方にもよるが，年間 5,000〜9,000 km 以下の利用であれば，車を保有するよりカーシェアリングの方が経済的であるという調査結果もある．

　そもそも，カーシェアリンクは，1947 年，スイスのチューリッヒで始まっている．当時は車の価格が高く，個人で所有するのは難しかったため，会員がお金を出し合って車を購入し，共同で維持・管理して利用するために考え出された．その後，経済成長とともにモータリゼーションが急速に進展し，自動車による交通渋滞や環境問題が深刻化する中，1970 年代から 80 年代にかけて，環境を前面に打ち出した現在の形態のカーシェアリングの社会実験が多くの都市で行われた．本格的な導入は，スイス(1987)，ドイツ(1988)に始まり，21 世紀に入ってから北米も含め，世界的に急速な普及が見られる．2012 年時点で，既に世界 27 ヶ国でカーシェアリングが運営され，43 万 6,000 台の車が 178 万 8,000 人の会員にサービスをしている[19,20]．

　日本では，1999 年より電気自動車を用いたカーシェアリングの社会実験等が行われ，2002 年に初めて本格的なカーシェアリング事業が開始された．その後，業務地区，集合住宅地区等で事業が進められ，2013 年 1 月現在，32 の組織が約 5,600 箇所の車両ステーションと約 9,000 台の車を使って，28 万 9,000 人の会員にサービスしている．この数年間の普及は顕著で，2010 年度と比べて車両数で 7 倍，会員数で 18 倍の増加が見られる(図-5.7)．とりわけ，大都市での普及は目覚ましく，利便性は高まりつつある．新宿付近のステーションの分布を示すと，図-5.8 のとおりであるが，利用者は，自宅近くにステーションを持つカーシェア

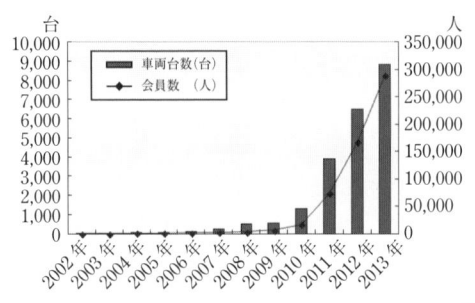

図-5.7 日本のカーシェアリング車両台数と会員数の推移[19]

図-5.8 新宿周辺における各社のステーションの分布[20]

リングを選ぶことができる．

5-3-3　その特徴：環境に優れた車の使い方

　カーシェアリングは，利用者や道路交通，また，環境や社会にどのように貢献できるのであろうか．大まかには，次のように整理することができる．

利用者にとって，
・車を保有，利用するのと比較してたいへん経済的である，
・車庫のスペースが不要になる，
・車を保有している場合と比較して，利用頻度，走行距離が少なくなる傾向がある．

道路交通に対して，
・車での走行回数と距離の減少により道路交通の混雑を軽減する．

環境に対して，
・走行回数と距離の減少により，エネルギー節約と排出ガスの減少をもたらす，
・エコカーのカーシェアリングの場合，エネルギーおよび排出ガスの減少が期待できる．

社会に対して，
・車利用のコスト意識を持つきっかけとなる，
・自動車への依存を少なくし，環境に対しての意識を高める可能性がある．

事実，これまでカーシェアリングの影響および評価に関する調査，研究が世界的にも数多く実施されているが[22〜24]．それらの中から，サンフランシスコを本拠に置く City CarShare の運営団体(NPO)がまとめたカーシェアリングの影響をもとにいくつかを列挙してみよう[25](図-5.9，5.10)．なお，City CarShare は，2005 年時点で 8,000 人の会員を持ち，250 台の車と 130 のステーション(pod)を

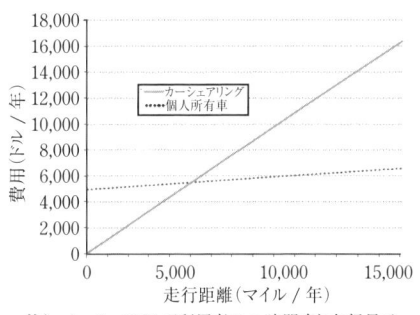

図-5.9 カーシェアリングと個人所有車の費用比較[25]

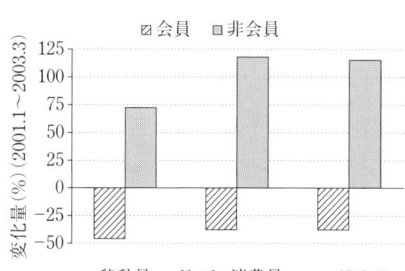

注）・カーシェアリング利用者の 1 時間当り走行量は 5.5 マイル
・個人保有の車のコストは AAA(2003)による
・時間当り平均コストは，カーシェアリング利用者の 2005 年 1 月の値をもとに 3.50 ドルとする

図-5.10 会員・非会員別移動量，ガソリン消費量，CO_2 排出量の変化(2 年間，City CarShare)[26]

注）ガソリン消費量と CO_2 排出量は公共交通機関，カープールを含む

使ってサービスを行っていた．
① 自動車の保有：
  ・会員の29％が，それまで所有していた少なくとも1台の車を手放した．
  ・会員の67％が，もう1台車を購入することを止めた．
  ・カーシェアリング1台で11台分の車を道路上から減少させた．
② 車での移動量：
  ・会員になって車での移動距離は47％減少し，バスや自転車および徒歩に変わった．
  ・会員によるトリップの多くはピーク時を避け，買い物やレクリエーションのトリップに多く使われるようになった．
③ ガソリン消費と排出ガス：
  ・その結果，City CarShareでは毎日2万1,000 kmの移動，2.7 kLのガソリン，9,000 kgのCO_2を減少させている．

車の保有と利用を少なくし，環境に優れたこのシステムを普及させるべく，筆者の研究室では，2001年，交通エコモ財団の助成により三鷹市の公団集合住宅においてモニター会員28名，車2台を用いて3ヶ月間にわたるカーシェアリング社会実験を行った．その後，2003年よりレンタカー業の免許を持つ（有）移動サポートの協力を得て，同市内の戸建ての住宅地でカーシェアリング「OUR CAR」の事業を行ってきている．現在，ステーション1箇所，車3台，会員20名と小規模ではあるが，継続しながら，利用のされ方等のデータの蓄積を図っている．そこから見えるカーシェアリングの利用の特徴は，概ね次のとおりである．

会員の約80％はマイカーを保有しておらず，年令は30代〜50代である．会員の多くは，環境への意識が高く，利用の目的は買い物が39％と最も多く，ついで送迎（30％），レジャー（9％）となっている．これらの傾向は，他の調査結果でもほぼ同じような傾向を示している．また，1回当りの走行距離は約30 km，利用時間はおよそ2時間である．会員の走行記録をもとに試算すると，会員14〜15人で平均的なマイカー1台分の利用をシェアしていることになり，米国での例を見るまでもなく，車を保有するよりも格段に少ない利用であることを示している．

このように，カーシェアリングは，車の保有と利用を減少させ，結果として環境への負担を軽減させる可能性を持つ．加えて，利用者は公共交通手段や自転車

の利用を増やし，また歩行による移動を増やすことになれば，自動車に頼らない生活に大きく貢献することが期待される．さらには，車庫や駐車場のスペースが不要になり，環境に配慮した土地利用や都市空間へと変えていく可能性を持つ．

5-3-4　シェアする交通手段：新たな展開

　カーシェアリングが環境に優れた交通手段として，都市交通の一翼を担うためには，利用者の増加が何よりも重要となる．事実，環境への意識が高いカーシェアリングの潜在的利用者はかなり多いと考えられる．そのため，最近では，世代を越えた潜在的な利用者の様々な要求に応えられるよう，カーシェアリングのサービス内容や運営形態も多様になり，規模も大きくなる傾向が見られる．

　さらなる普及にとっては，行政の支援も重要になる．例えば，公共施設にある駐車場や公共駐車場をカーシェアリングのステーション（置き場）として無料開放するなどは，有効と考えられる．また，欧米には多くの事例を見ることができるが，カーシェアリング利用者に限り都心の路上駐車禁止区域での駐車を許可したり，駐車料金の割引，無料化等の優遇措置を行うことも普及に向けての大きな支援となろう．

　さて，シェアする交通手段は，何もカーシェアリングだけではない．近年，都市型レンタサイクル，コミュニティ・サイクル，自転車サイクル等の自転車をシェアするシステムが，世界的に注目を集めている．フランスをはじめ，ヨーロッパの多くの都市で，大規模なレンタサイクルが導入されている．その基本は，街の中に多数設置されているレンタサイクルのステーションから自転車を借り出し，自転車を利用した後は，どこのステーションでも返却できることである．

　世界で最大規模の自転車シェアシステムを運営しているパリのベリブ（Velib）は，2007年に運営を開始したが，2011年時点で，市内約1,800のステーションに2万台を超える自転車が配置され，パリの重要な都市交通手段の一つとなっている[28]．パリから遅れること約3年，2010年より，ロンドンでは，Barclays Cycle Hireというロンドン市が運営するレンタサイクルシステムが運用を開始し，400箇所を超えるステーションと約6,000台の自転車でサービスを提供している（**写真**-5.6，5.7）．

　日本でも，多くの都市，地区でこの自転車のシェアシステムの社会実験が試み

写真-5.6 ロンドンの Barclays Cycle Hire

写真-5.7 ステーションの自転車の移動(ロンドン)

られてきている．カーシェアリングの場合，土地の暫定的な利用としてのコインパーキングの活用が普及につながっているが，コミュニティ・サイクルの場合，ステーションのスペース確保が最大の課題となる．規模が大きくなることによって初めて人々の利用のしやすさが高まるだけに，道路空間に余裕のない日本の市街地で，いかにステーション確保の制度的，また財政的な支援ができるかが重要となろう[29]．

パリでは，さらに 2011 年 12 月より，自転車と同じ方式で，オートリブと呼ばれる電気自動車のカーシェアリングを始めている．道路上に充電設備を備えたステーションを配置し，1,750 台の電気自動車(EV)と約 700 箇所のステーションで運営されている(**写真-5.8**)．十分な道路空間を持つ欧米の都市でこそのシステムであるが，ステーションの確保を含め，日本での適用を検討する価値は高い．

近い将来，交通手段のシェアがさらに広がり，都市の交通手段の一つとして定着することによって，排出ガスが減少するだけでなく，都市における自動車への依存が少なくなり，ひいては地球温暖化の抑制へと貢献を広げていくこと切に期待するものである．

写真-5.8 パリの EV カーシェアリング・オートリブ (WIKIPEDIAより)

参考文献

1) 宇沢弘文：社会共通資本－コモンズと都市－，第1章 社会共通資本の概念，東京大学出版会，2004
2) 中津原努：多様な用途の共存を成り立たせる空間秩序，明日の都市づくり－その実践的ビジョン－，慶應義塾大学出版会，2002
3) 沼田竜一：村落共同体の自治の歴史，http://www.kodai-bunmei.net/，2002
4) 中井検裕：都市計画における公共性概念の転換に根ざした社会的ルールの再構築，明日の都市づくり－その実践的ビジョン－，慶應義塾大学出版会，2002
5) 杉山他：明日の都市交通政策，成文堂，2003
6) Shared Space, website http://www.shared-space.org/
7) 浅野光行：「伝：継承」の視点から見た21世紀の都市計画－都市地域の基盤整備をいかに引き継ぐか－，都市計画，No.228，Vol.49，No.5，日本都市計画学会，2000
8) 早稲田まちづくりシンポジウム2008，「時空間をシェアする21世紀の都市・地域づくり」講演資料集
9) Shared Space, Room for Everyone, A new vision for public space, 2005.6
10) Shared Space, From project to process, A task for everybody, 2008.2
11) Shared Space, Final Evaluation and Results, 2008.10
12) Ben Hamilton-Baillie：Shared Space: Reconciling People, Places and Traffic, Built Environment, Vol.34, No.2, 2008
13) Ben Hamilton-Baillie：Home Zone-Reconciling People, Places and Transport, 2000
14) Phillip Langdon：Shared Space's streets cross the Atlantic, New Urban News, 2008.10～11
15) Susanne Elfferding：Recognizing road space for a sustainable urban transport, Doctor thesis, 2008
16) エルファディンク，浅野，卯月：シェアする道路，技報堂出版，2012
17) 四本正弘：「若者のクルマ離れ」に関する現状分析と打開可能性，IATSS Review，Vol.37，No.2，国際交通学会，2012.9
18) 朝日大学マーケティング研究所：「若者のクルマ離れ」に関するマーケティングデータ－20代・30代の自家用車利用実態と興味の対象－
19) 交通エコロジー・モビリティ財団：交通環境事業・カーシェアリング
20) TSRS, U.C. Berkeley：Carsharing http://tsrc.berkeley.edu/carsharing 2013.10
21) カーシェアリング比較360° http://www.carsharing360.com/map
22) Christian Ryden：Environmental effects of carsharing-results from the moses project-, Trafikdage pa Aalborg Universitet, Lund Sweden, 2005
23) Robert Vance, G.Scott Rutherford and Christine Anderson：FlexcarSeatle:Evolution of the Carsharing Program, TRB Annual Meeting, 2005
24) 交通エコロジー・モビリティ財団：カーシェアリングによる環境負荷低減効果及び普及方策検討報告書，2006.3
25) City CarShare, Bringing Car-Sharing To Your Community -Short Guide-, 2005
26) 浅野光行：カーシェアリングによる環境対策，季刊・道路新産業 (Traffic & Business)，No.89，winter 2008
27) 浅野光行：カーシェアリング－都市の新しい交通手段，婦人之友，9月号，2011

28) 小林晶子：パリの貸し自転車サービス「ヴェリブ(Verib')」，自治体国際化フォーラム，自治体国際化協会，2013.1
29) 菊池：コミュニティサイクルの導入の現状と課題，全国コミュニティサイクル担当者会議資料，国土交通省，2012.1

あとがきにかえて

　本書は，成熟時代に向かう都市地域の交通計画と，それの基づく交通空間の更新と使い方の在りようについて述べてきた．その根底にある考え方は，1990年代より現在に至るまで書き溜めてきた種々の文章等を整理する中で見えてきた「大規模インフラの更新をきっかけに都市空間の再構築を行うこと」と「街路を手始めに，都市空間を様々な使い方でシェアすること」であった．本書の意図が，少しでも読者の方々に伝わったとすれば，この上ない喜びである．

　一方で，本書の文脈の中で，筆者がこれまでに携わってきた地下空間の計画や大規模都市開発の評価，またLRT（路面電車）の導入による都市づくり等の課題は組み入れることができなかった．また，本書で取り上げたテーマも，より深く掘り下げたい課題がいくつもある．それらは，またの機会に譲りたい．

　最後になるが，今後の都市地域は，それぞれの市民が多様な価値観のもとに，自由，かつ様々な様式で活動を営むようになるにつれ，社会に新たな活力が生まれ，新しい日本型の市民社会が形成されていくことは十分期待できよう．この新しい市民社会と，東日本大震災の被災地域で発揮された地域コミュニティの絆の強さが，成長から安定へ，効率性から豊かさへ，利便性から環境へといった，わが国を取り巻く社会経済環境を支えていく大きな原動力になろう．加えて，それらに対応した市民意識の高まりは，本書で述べてきた成熟都市の交通空間が新たな方向を見出していくもとになる．

　なお，本書に取りかかってからも，社会経済状況に密接に連動してきた都市づくりと交通空間の整備が，着実に安定と成熟の方向に向かっているという認識は変わらない．その一方で，公共投資偏重によるかつての経済成長期の成功体験に回帰しているようにさえ見える昨今の兆候については，今後に向けて注意深く見ていきたい．

項目索引

【あ】
曖昧空間　141
開かずの踏切　106
秋田中央道路　61,87
アクセス機能　105
アクセス動線　93
アラスカン・ウェイ　60,83
アラスカン・ウェイ高架道路・湾岸置換えプロジェクト（Alaskan Way Viaduct & Seawall Replacement Project）　84

【い】
維持管理・更新　56
1次供給エネルギー　21
李明博（イミョンバク）　67
入会[制度]　135

【う】
ヴァンサンヌ線　121
ウエストウェイ（Westway）　75
ウエスト・サイド・ハイウェイ　60,73,74
ウエスト・サイド・ハイウェイ置換えプロジェクト（West Side Highway Replacement Project）　76
ウエスト・ストリート（West St.）　74,76
ウォーター・フロント　71,81,84,85,87
運輸部門　19

【え】
英国の交通白書（New Deal for Transport － Better for Everyone）　55
駅舎　100
駅周辺地区　99,102,111
駅ナカビジネス　101
駅の拠点性　97
駅ビル　100
駅前広場　95,98,100,104,110,114
エクジビジョン・ロード（Exhibition Road）　147

X型交差点　39
エネルギー消費　16
エネルギー制約　94
LRT　27,105
沿線市街地　109
沿線施設　105
エンバカデロ高速道路　60,85

【お】
OECD諸国　45
オートリブ　154
表参道ふれ愛通り　40
温室効果ガス　18

【か】
開港の道　125
開発許可の制度　31
開発途上国　15,16,45
外部経済　34
外部不経済　13,34,49
街路空間　53,59,140,142
カーシェアリング　132,138,147
貸し菜園（成城学園前駅周辺）　117
家庭部門　19
貨物純流動調査　29
環境空間　99
環境制約　52,94
環境的に持続可能な交通（EST；Environmentally Sustainable Transport）　21,94
環境と開発に関する世界委員会　17,134
環状道路　61,106
幹線道路　25,36
完全自動車型（Full Motorization）　47

【き】
基幹公共交通軸　108
基幹的産業　33

項目索引

気候変動に関する政府間パネル（IPCC） 14
気候変動枠組条約 18
汽車道 125
規制緩和 33,49
既成市街地 58
軌道跡地 117
軌道系［交通］システム 95,102
規範的な都市地域 6,9
京都議定書 18
　——の第1約束期間 18,131
業務部門 19
居住環境 37
居住環境整備事業 34,39
居住環境地区（Environmental Area） 37,39
拠点地区 92,93,99
近隣住区論 36,39

【く】

空間計画 36
空間制約 46,52,94
区画道路 115
区分所有法 135
「くらしのみちゾーン」形成事業 42
クルドサック 39
グローバル・ポリティックス 18

【け】

計画思想 95
経済のソフト化．サービス化 33
経済運営システム 5
経済成長 16
芸術の高架橋（Viaduc de Arts） 120
開川（ゲチョン） 62
結節点（node） 94,96
建運協定 107
建国協定 107
ケンジントン・ハイ・ストリート（Kensington High Street） 146

【こ】

合意形成 51
公開空地 134
高架化 106,110
高架下空間 110,112
高架下施設 113
高架道路 59,60
公共空間 5,36,58,136
公共公益施設 103,110
公共交通 25,28,135
公共交通指向型［都市］開発（TOD；Transit Oriented Development） 21,95
公共交通システム 105
公共交通手段 94,102
公共輸送計画 36
公共輸送手段 46
更新費 57
高速鉄道（HST） 93
高速道路 59
公租公課 118
交通安全計画 28
交通カード 68
交通管制システム 49
交通管理者 44
交通空間 52,99
交通計画 30,36,48
交通結節機能 99
交通結節点 96,104,110
交通行動（traffic behavior） 141
交通サービス 28,49
交通施設空間 49,50
交通施設計画（transport facilities plan） 32,36
交通施設整備 31,50
交通手段の分担 27
交通需要 49
交通需要管理［型］ 26,36,50
交通需要予測 56
交通静穏化ゾーン 38
交通セル方式 39
交通センター 96

項目索引

交通ネットワーク計画　30,50
交通広場　108,115
交通ルール　146
行動パターン　142
公物管理　137
高齢社会　6,46,103,131
国連環境開発会議　17
［国連］人間環境会議　17,134
ゴータ・トレイル・プロジェクト　86
ゴータ・トンネル　61,86
COP17, COP19　14,18
コミュニティ・サイクル　153
コミュニティ・ゾーン形成事業　35,42
コミュニティ道路　41
コミュニティ道路整備事業　35
コミュニティバス　27
コモンズ　137
　　──の悲劇　133
混合用途（mixed use）　135
コンパクトシティ　21,47,95,135
コンフリクト・マネジメント　69

【さ】

再開発計画（大和駅周辺）　114
再開発地区計画制度　33
サイクリングロード　120
最小宅地規模　135
再生エネルギー　22
財政［的］制約　27,46,52,94
財政の負担　57
サステナビリティ（Sustainability）　46
サステナブルシティ　21,131
里山　134,135
産業部門　19

【し】

シェア　131,140
シェアド・スペース（Shared Space）　138,140
シェアド・スペースプロジェクト　144
シェアリング　132

市街化区域　32,134
市街化調整区域　134
市街地　33
　　──のリノベーション　58
市街地開発事業　32,111
市街地更新　59,107
市街地再整備　109,111
市街地整備　31,94
敷地所有権　135
市場機構　133
市場原理　49
［交通］施設整備　31,50
持続可能性　6
持続可能な開発（Sustainable Development）　17,134
持続可能な都市　21,46,95
市町村マスタープラン　35
指定管理者制度　137
シティ・クロス・トンネル　61
私的空間　58,136
自動車依存　104
　　──の軽減　47,138
自動車空間　142
自転車空間整備　43
自転車政策　42
自転車道　43
　　──の整備に関する法律　42
自動車OD調査　29
自動車社会　44
自動車優先社会　42
社会共通資本　4,13
社会経済システム　35
社会実験　149
社会資本ストック　56
社会資本投資　56
社会的合意　52
社会的交通行動（social traffic behavior）　141
社会的行動（social behavior）　141
社会の貢献　35
社会的サービス　103
住区総合交通安全モデル事業　42

私有制　133
住宅地開発　95
需要追随型　55,58
小環状鉄道（Petile Centure）　121
小規模宅地　135
商業床　100
情報技術（IT）　26,48
人口規模　29
人口減少　46,131
人工地盤　26
人口集中地区（DID）　30
新交通システム　26

【す】
ステーション（カーシェアリング）　149,154
ステーション（pod）　151
ストック機能　49
ストリートファーニチャー　143
スプリット　132,140
スモールオフィス・ホームオフィス　48

【せ】
生活河川　62
生活の庭　38,145
成熟化　52,107
成熟時代　7,35,45,48,55
成熟社会　7,11,52
成熟都市　7,11,13,21,57,62,77
成長管理政策（smart growth management policy）
　　95
セミパブリック　51
セミプライベート　51
全国道路交通情勢調査　29
全国遊歩道システム法（National Trail System Act）
　　124
戦災復興事業　25,98
戦災復興土地区画整理事業　98
先進国　15,45
セントラル・アーテリー（Central Artery）　76,77,78
占有率　132

【そ】
総合駅ビル　98
総合都市交通体系の計画　26
総合都市交通施設整備事業　34,40
側道　119
ゾーン30　38,42
ゾーンシステム　39

【た】
大規模自転車道事業　42
大規模ショッピングセンター　102
大規模店舗立地法　34
大規模な土地利用転換　26
代替エネルギーの技術開発　50
大都市交通センサス　29
大都市地域における宅地開発及び鉄道整備の一体的
　　推進に関する特別措置法　95
タイムシェア　132
タイムシェアリングシステム　132
ダウンゾーニング　34
宅地開発　134
宅配便　49
多重の地域圏　139
ターミナル駅　92
端末交通　104

【ち】
地域空間　59
地域高規格道路　87
地域交通計画　28
地域資源　131,132
地域地区制　31
地域文化　104,110
地下化　59,106,110
地下交通ネットワーク　26
地下駐車場　83
地下通路　100
地下道路　60
地球温暖化［対策］　3,14,131,154
［世界の］地球環境問題　17,26,93

地球サミット　18
地区計画[制度]　34,115
地区施設　35,115
地区レベルの交通基盤施設整備　26
地区レベルの交通計画　34,36
地上空間　59,110,117
地方都市　93,103
地方分権[時代]　10,12,32
中央バス専用車線　68
駐車場　104
駐車スペース　104
中心市街地　93,103
駐輪施設　116
清渓川高架道路　64
清渓川道路　63
清渓川復元[事業]　60,61,64
長距離自転車ネットワーク　42

【つ】

通過交通　37
つくばエクスプレス　95

【て】

低炭素社会　17
鉄道駅　91,96
鉄道貨物　123
鉄道事業者　102,112
鉄道と道路の立体化　107
鉄道ネットワーク　91
鉄道廃線跡[地]　119,124
鉄道ヤード跡地　33
鉄道立体化　111
　　——の費用負担　112
テレワーク　48
田園都市構想　95
電気自動車(EV)　149,154

【と】

東急フラワー緑道　118
動線　100

道路管理者　44
道路橋　57
道路空間　41,43
道路交通　61
道路交通計画　36
道路交通法　44
道路デバイス　145
道路と鉄道の立体化　107
道路法　44
特定財源制度　25
都市インフラ　59
都市型レンタサイクル　153
都市間競争　12,102
都市基盤施設　52
都市基盤整備　12,57
都市空間　7,52,57,61
都市空間再編　109,111
都市経営　139
都市計画区域　134
都市計画区域マスタープラン　35
都市計画事業　107
都市計画制度　31
都市計画道路　107
都市計画法　31,35
都市形成　11
都市圏交通計画　27,30
都市圏物資流動調査　29
都市構造　93
都市交通政策　28,43
都市交通体系のマスタープラン　31
都市再生特別措置法　34
都市再生特別地区　34
都市社会システム　14
都市人口　9,15
都市整備　12,93
都市像　11,95
都市文化遺跡　62
都市づくり　27,43,104
都市内高速道路　61
都市内道路　55

都市文化　103
都市マスタープラン　96
都市モノレール　26
都心居住　135
土地区画整理事業　34
土地資本　33
土地所有の細分化　135
土地利用　30,32,95,105
土地利用計画　30,32,134
土地利用コントロール　31
土地利用制度の改変　32
ドッグランズ(ロンドン)　33
トムソン，J.H.(Thomson,J.H.)
トラフィック・セル・システム(Traffic Cell System)　38
トラフィック・ゾーン・システム(Traffic Zone System)　38
トラベルプラン (travell plan)　36
トランス・アペックス・プロジェクト　61

【な】
内鉄協定　107
内部経済　13
南北問題　17,134

【に】
二酸化炭素(CO$_2$)削減　14,22
二酸化炭素(CO$_2$)排出[量]　16,19,20
ニスカリー地震(Nisqually Earthquake)　84
ニューアーバニズム　95,147
ニュータウン開発　95

【の】
ノ・スホン教授(延世大)　69
乗換え機能　96,105,108

【は】
廃線　120
バイパス[機能]　61,88
ハイライン(High Line)公園　122

ハイライン友の会(Friend of High Line)　123
パーク・イースト高速道路　60
バークレイズ・サイクル・ハイヤー(Barclays Cycle Hire)　153
場所(place)　96
バス専用道路　119
バスターミナル　116
バス・ラピッド・トランジット(BRT)　27
派生需要　103
パーソントリップ調査　26,27,29
パッケージプログラム　28
パートナーシップ　51
ハーバー・ドライブ　60,70
パブリックスペース　141
パブリックな空間　136
阪神淡路大震災　4
ハンプ　142

【ひ】
東日本大震災　4,21,131
非集計交通行動モデル　30
ビジョンソウル 2006　68
ビック・ディッグ(Big Dig)　60,76,79
1人当り二酸化炭素(CO$_2$)排出[量]　20
ヒューマンウェア　14
ヒューマンスペース　141
標識　142
費用負担　34,111
広場機能　99

【ふ】
復興計画　22
フェールセーフ　4
ブキャナン・レポート(Buchanan Report)　36,39
複合開発　101
複合都市空間ネットワーク　51
福島第1原子力発電所　14,21,131
踏切　106
プレディクト＆プロバイド(Predict and provide)　55

フロー機能　49
プローブ・パーソン・データ　30
プロムナード　82,114
分散配置　116
分散立地　110

【へ】
平面鉄道　106,113
ペリー,C.　36,39
ベリブ(Veliv)　153

【ほ】
放置自転車対策　43
法定都市計画　32,52
歩行者空間　27
歩行者専用道　114
歩行者優先道路　40
歩車共存道路　41,137
歩車分離　37,137
POSシステム　49
ポスト議定書　134
ボストン　60,76
ボストン港　79
ポートランド　48,60,70
堀割化　115
ボンネルフ(Woonnelf)　38,137

【ま】
マサチューセッツ・ターンパイク・オーソリティ
　　79
街づくり　35,51,96

【み】
緑の遊歩道(Promenade Plantee)　120
南塚口地区居住環境整備事業　39
民活路線　33
民間活力　110
民衆駅　98

【め】
免許保有者　45

【も】
モーゼス,ロバート　74
モータリゼーション　44
　　──の進展　31,36,103,106
モータリゼーション成熟期　45
モビィリティ　46,93
モンダーマン，ハンス(Monderman,Hans)　145

【や】
山下臨港線　127
山下臨港線プロムナード　125

【ゆ】
誘導容積地区計画　34
誘発交通　56
遊歩道　118
輸送力増強計画　26

【よ】
容積緩和　34
容積緩和条件　35
用途地域　134
横浜臨港貨物線　125

【ら】
ライトレール・トランジット　27
ライン川河岸　81,83
ライン川河畔のプロムナード　60
ラッチ外　100
ラッチ内　100

【り】
立体化(鉄道)　110
立体化(鉄道と道路)　107
立体的の横断歩道　106
立体道路　26
立地選択　93

項目索引

緑道　118
緑道公園　117

【る】

ルームシェア　132

【れ】

レールバンク制度　122,124
連携プロジェクト　32
連続立体交差事業　107,111
連邦道路　81

【ろ】

路上駐車禁止区域　153
ローズ F. ケネディ グリーンウェイ（The Rose F. Kennedy Greenway）　79,80
路線敷空間　116
ロードピア構想　42
路面電車　105,138

【わ】

ワークシェア　132
我々の共通の未来（Brundtland Report）　17

著者略歴

浅野光行（あさの　みつゆき）

1968 年	早稲田大学大学院理工学研究科修士課程修了
1976 年	建設省土木研究所道路部主任研究員
1978 年	建設省建築研究所都市施設研究室室長
1980 年	工学博士
1993 年	早稲田大学理工学部土木工学科 （現・社会環境工学科）教授 現在に至る
1996 年	マサチューセッツ工科大学(米国)都市研究・ 計画学部客員研究員
1999～01 年	都市計画学会副会長
2002～03 年	都市計画学会会長
2004 年	ペンシルバニア大学(米国)デザイン学部客員研究員

主 著
- 『都市と高齢者－高齢社会とまちづくり－』(共編著, 大成出版, 1994)
- 『地下空間の計画と整備』(共編著, 大成出版, 1994)
- 『Japanese Urban Environment』(共著, Elsavier Science Ltd., 1998)
- 『駅前広場設計指針』(共編著, 技報堂出版, 1998)
- 『明日の都市づくり』(共著, 慶應義塾大学出版会, 2002)
- 『明日の都市交通政策』(共著, 成文堂, 2003)
- 『シェアする道路－ドイツの活力ある地域づくり戦略』(共著, 技報堂出版, 2012)

成熟都市の交通空間
―その使い方と更新の新たな方向

2014 年 2 月 28 日　1 版 1 刷　発行　　　定価はカバーに表示してあります。

ISBN978-4-7655-1811-6 C3051

著 者	浅　　野　　光　　行
発行者	長　　　　滋　　　　彦
発行所	技報堂出版株式会社

〒101-0051 東京都千代田区神田神保町 1-2-5
電話　営業　(03)(5217)0885
　　　編集　(03)(5217)0881
　　　FAX　(03)(5217)0886
振替口座　00140-4-10
http://gihodobooks.jp/

日本書籍出版協会会員
自然科学書協会会員
工学書協会会員
土木・建築書協会会員

Printed in Japan

Ⓒ Mitsuyuki Asano, 2014

装幀・浜田晃一　　印刷・製本　昭和情報プロセス

落丁・乱丁はお取替えいたします。
本書の無断複写は，著作権法上での例外を除き，禁じられています。